Manuel de mathématiques CE2

méthode de Singapour

Préface de Laurent Lafforgue,
médaille Fields 2002.

Traduction et adaptation :
Benjamin Verdier, Caroline Guény.

Illustrations : Philippe Gady. – Maquette : Studioprint.

7, place des Cinq Martyrs du Lycée Buffon
75014 Paris
ISBN : 978-2-916788-11-1

Cette édition française est adaptée des volumes 3A et 3B de la collection Primary Mathematics conçue par le ministère de l'Éducation de Singapour. Néanmoins, afin d'adapter la méthode au public français, La Librairie des Écoles a conçu de nouveaux contenus, de nouvelles maquettes, de nouvelles illustrations qui sont sa propriété. Ces nouveaux contenus ne sont donc pas imputables au ministère de l'Éducation de Singapour. Nous voulons exprimer notre reconnaissance envers l'équipe qui a élaboré le manuel original :

Directeur de projet : Dr Kho Tek Hong
Membres de l'équipe : Chee Kum Hoong, Hector
Liang Hin Hoon
Lim Eng Tann
Lim Hui Cheng, Rosalind
Ng Hwee Wan
Ng Siew Lee
Thong Chee Hing

Édition originale publiée sous le titre : Primary Mathematics Textbook 3A & 3B Third Edition.

Publié par Marshall Cavendish International (Singapour) Pte Ltd.
Pour l'édition française :

Réimpression : 2013.

FSC www.fsc.org MIXTE Papier issu de sources responsables FSC® C004472

Achevé d'imprimer en juin 2018 par Wilco aux Pays-Bas
Dépôt légal : 2009
N° éditeur 2018_0405

Préface de Laurent Lafforgue

médaille Fields 2002

Il convient de féliciter la Librairie des Écoles d'avoir entrepris la traduction et l'adaptation des manuels de calcul et géométrie des écoles primaires de Singapour. Ces manuels figurent en effet parmi les meilleurs actuellement disponibles dans le monde.

Les volumes couvrent six années : pour les cinq premiers, l'équivalent de notre école primaire et, pour le dernier, ce qui correspond à notre première année de collège.

La progression n'est ni trop lente ni trop rapide : il est raisonnable que les instituteurs se fixent pour objectif en calcul et géométrie d'enseigner en cinq ans à tous leurs élèves l'intégralité du contenu des cinq premiers volumes de la série.

Il serait bon également que, à la fin du cursus primaire, les maîtres (ou les parents) aient amené ceux des élèves qui montrent des prédispositions et du goût pour les mathématiques à apprendre et maîtriser le volume 6. Mais en prenant garde de ne brûler aucune étape.

Dans le processus d'apprentissage, deux impératifs doivent toujours rester présents à l'esprit des instituteurs :

Le premier est le refus de l'à-peu-près. Les instituteurs doivent exiger des élèves qu'ils apprennent les tables des opérations, les algorithmes, les formes géométriques, les règles de calcul de longueur, de surface, de volume ou d'angle, etc, jusqu'à ce qu'ils soient devenus des automatismes sûrs, exacts et précis.

Le second impératif est celui de la rédaction. Dès le début du cursus primaire et même dans le cadre des exercices les plus simples, il faut exiger des élèves qu'ils présentent et expliquent leurs réponses et leurs petits raisonnements par des phrases complètes et correctes qui emploient le vocabulaire approprié à chaque situation. Quand les enfants grandissent, les manuels leur proposent des exercices dont la solution exige un raisonnement en plusieurs étapes. Le but de l'enseignement du calcul et de la géométrie à l'école primaire est de rendre les enfants capables de résoudre ce type d'exercices dans une multitude de situations concrètes différentes, en développant leur raisonnement dans une narration écrite claire et ordonnée. Une phrase au moins est nécessaire pour mettre en œuvre chaque étape du raisonnement et pour présenter chaque calcul numérique auquel il réduit le problème posé.

Dans la maîtrise combinée des calculs sur des nombres, des formes géométriques, des premières mesures de grandeurs physiques et de l'usage raisonné de la langue réside l'essence de l'aptitude mathématique. Les élèves qui acquièrent cette maîtrise dès l'école primaire – comme il est possible et point difficile pour eux – disposeront des meilleures bases pour suivre plus tard des études scientifiques ou techniques ainsi que pour la formation générale de leur esprit sur le plan tant théorique que pratique.

Table des matières

Chapitre 1

Les nombres jusqu'à 10 000

1 - Milliers, centaines, dizaines et unités

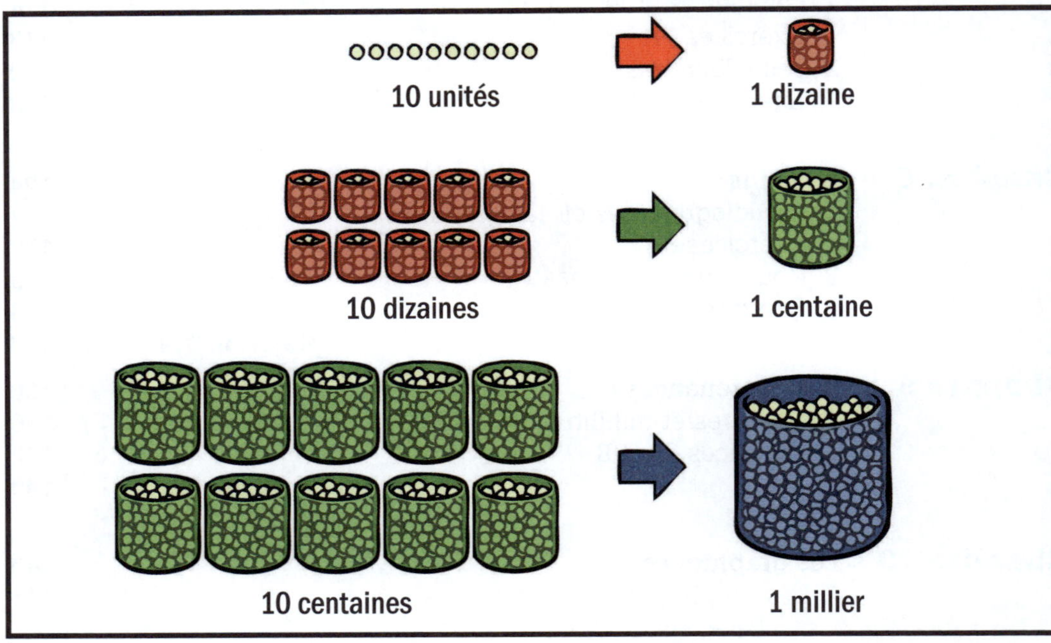

a Paul a collectionné des billes.

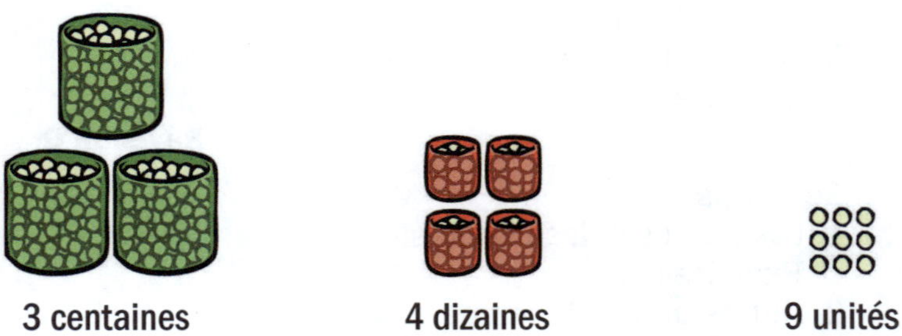

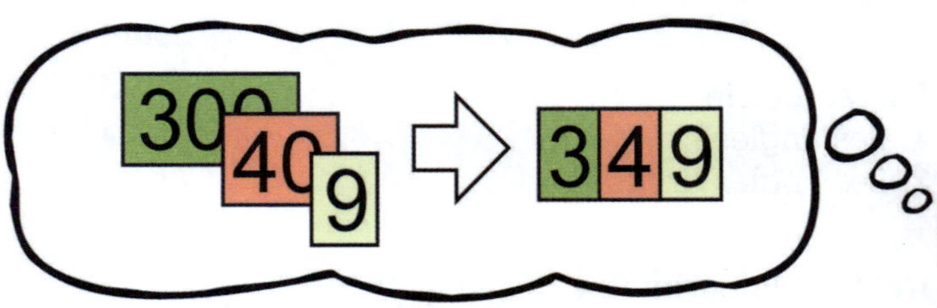

300 + 40 + 9 =

b Ève, la sœur de Paul, a elle aussi collectionné des billes.

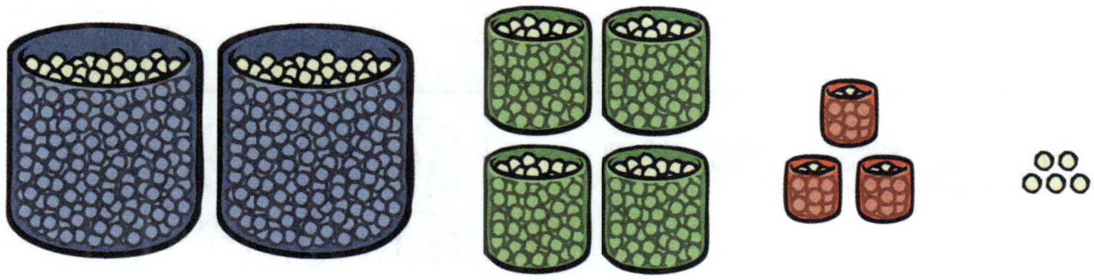

2 milliers | 4 centaines | 3 dizaines | 5 unités

2 000 + 400 + 30 + 5 =

Combien de billes Ève a-t-elle collectionnées ?

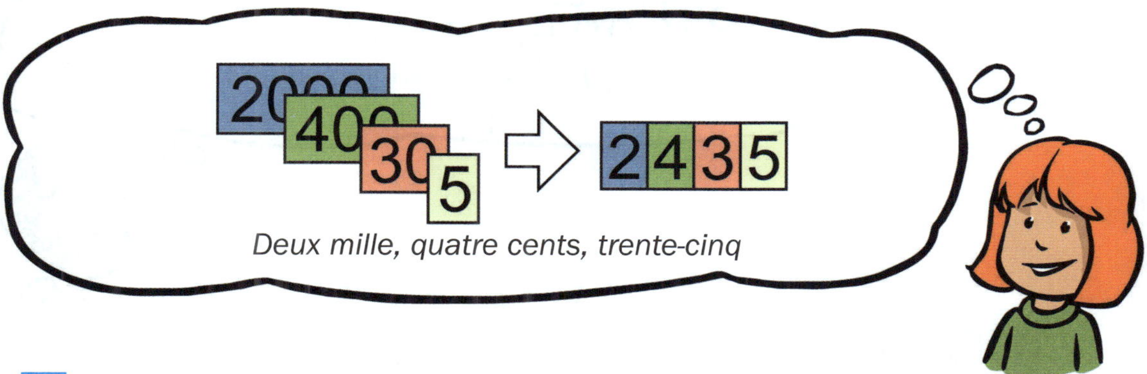

c Lisez les nombres : **5 998** et **6 012**.

d Comptez de **5 998** à **6 012**.

e Comptez de **9 987** à **10 000**.

1 Comptez les milliers, les centaines, les dizaines et les unités dans ce tableau.

Milliers	Centaines	Dizaines	Unités
1000 1000 1000	100 100	10 10 10 10 10 10 10	1 1 1 1

3 000 + 200 + 70 + 4 =

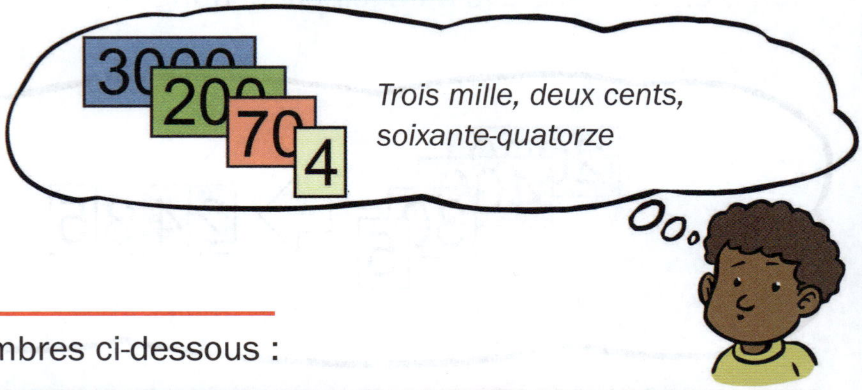

2 Lisez les nombres ci-dessous :

	Milliers	Centaines	Dizaines	Unités
a	1000 1000		10 10 10 10	1 1 1 1 1
b	1000	100 100 100		1 1 1 1 1 1 1
c	1000 1000 1000 1000	100 100 100	10 10 10 10 10	

Cahier d'exercices A, Exercice 1.

3 **6824** est un nombre à 4 chiffres.

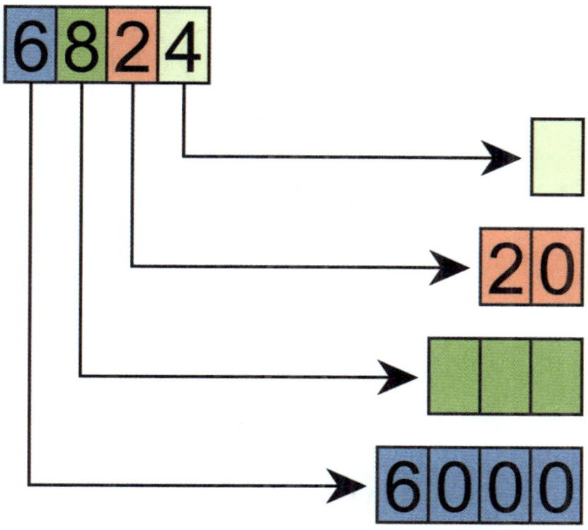

Le chiffre **2** est le chiffre des dizaines : il représente deux dizaines, c'est-à-dire **20**.

Le chiffre **6** est le chiffre des milliers : il représente six milliers, c'est-à-dire **6000**.

Que représente le chiffre **8** ?

Que représente le chiffre **4** ?

4 Que représente le chiffre **5** dans chacun des nombres suivants ?

a 3521 **b** 5213 **c** 1253

5

Milliers	Centaines	Dizaines	Unités
3	4	6	8

Dans le nombre **3468**, le chiffre **8** est le chiffre des unités.
Il représente **8** unités.

Le chiffre **6** est le chiffre des dizaines. Il représente **6** dizaines, c'est-à-dire **60** unités.

Le chiffre ___ est le chiffre des centaines.
Il représente ___ centaines, c'est-à-dire ___ unités.

Le chiffre ___ est le chiffre des milliers.
Il représente ___ milliers, c'est-à-dire ___ unités.

6 Que représente chaque chiffre du nombre **8137** ?

Cahier d'exercices A, Exercice 2.

7 Quel nombre est le plus grand, **316** ou **264** ?

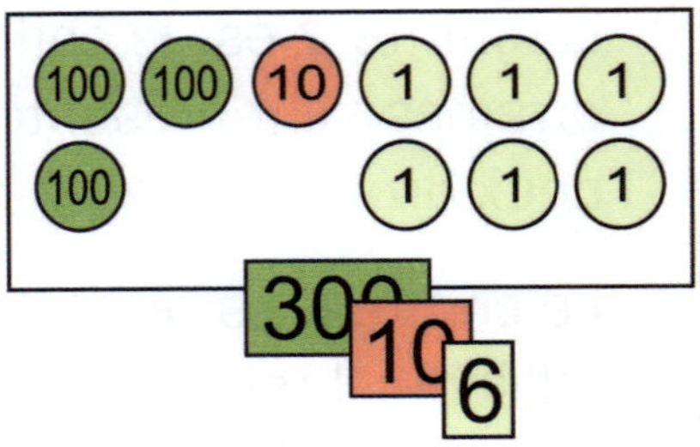

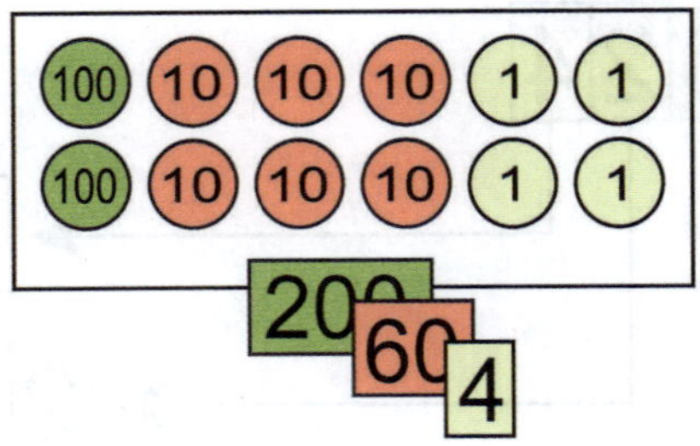

316 est plus grand que **264**.

Quel nombre est le plus petit, **325** ou **352** ?

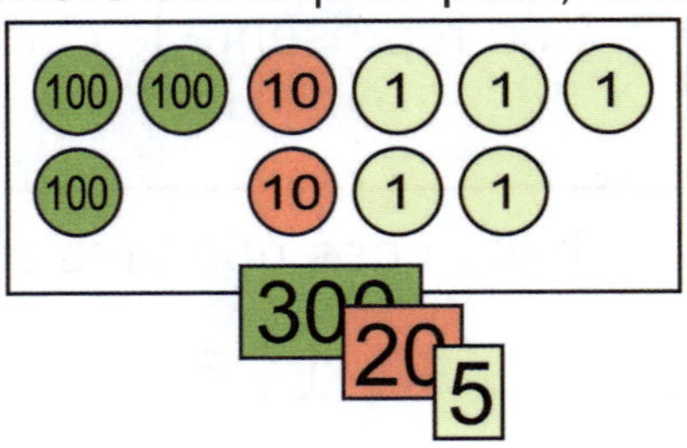

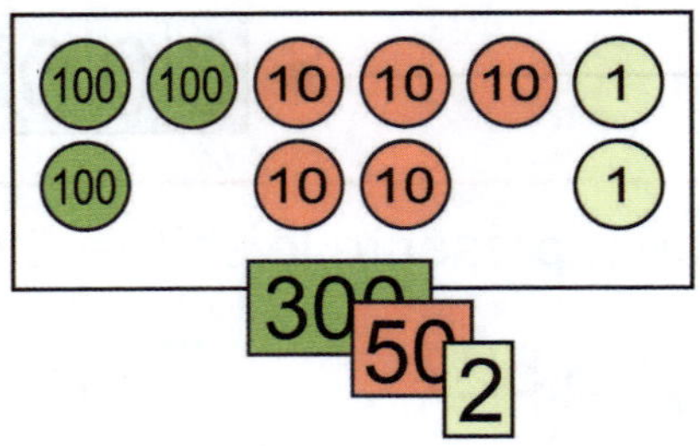

325 est plus petit que **352**.

a Quel nombre est le plus grand, **4 316** ou **4 264** ?
Quel nombre est le plus grand, **4 316** ou **5 264** ?

b Quel nombre est le plus petit, **2 325** ou **2 352** ?
Quel nombre est le plus petit, **3 325** ou **2 352** ?

8 Complétez les phrases suivantes par « plus grand » ou « plus petit ».

a **7 031** est ______ que **7 301**.

b **8 004** est ______ que **8 040**.

c **3 756** est ______ que **3 576**.

9 Répondez aux questions suivantes :

5 073, **4 982**, **4 973**

Quel nombre est le plus grand ?
Quel nombre est le plus petit ?

10 Répondez aux questions suivantes :

11 Rangez les nombres suivants en commençant par le plus grand.

3 412 **3 142** **4 123** **2 431**

12 Rangez les nombres suivants en commençant par le plus petit.

1 892 **9 003** **913** **1 703**

13 Utilisez les chiffres **0**, **4** et **5** pour former plusieurs nombres à 3 chiffres.

Quel nombre est le plus petit ?

Quel nombre est le plus grand ?

14 Répondez aux questions suivantes :

a Quel est le plus grand nombre à 4 chiffres que vous pouvez former en utilisant les chiffres **0**, **7**, **2** et **8** ?

b Quel est le plus petit nombre à 4 chiffres que vous pouvez former en utilisant les chiffres **3**, **7**, **4** et **9** ?

Cahier d'exercices A, Exercice 3.

Exercices 1A

1 Écrivez les nombres suivants en chiffres :

a Deux mille cent soixante-trois
b Huit mille huit
c Trois mille six cents
d Mille trois cent soixante-seize
e Quatre mille cinq

2 Écrivez les nombres suivants en toutes lettres :

a **1 347**
b **5 900**
c **7 058**

3 Décomposez les nombres suivants en milliers, centaines, dizaines et unités.

a **6 352**
b **4 091**
c **7 004**

4 Écrivez les nombres suivants en toutes lettres :

a 

b 

c 

5 Résolvez les opérations suivantes :

a **1 347 + 700 + 30 + 6 = ____**
b **7 000 + 500 + 4 = ____**
c **3 000 + ____ = 3 090**
d **6 000 + ____ + 2 = 6 802**
e **4 243 = 4 000 + 200 + 40 + ____**
f **4 907 − ____ = 4 007**

6 Écrivez les mots soulignés en chiffres.

a L'altitude du mont Blanc est de **<u>quatre mille huit cent sept</u>** mètres.
b M. Antilogus a acheté un rétroprojecteur pour **<u>deux mille soixante</u>** euros.

Exercices 1B

1 Complétez les phrases suivantes par « plus grand » ou « plus petit ».

a **7865** est ________ que **8567**.

b **4104** est ________ que **4049**.

c **3590** est ________ que **3509**.

d **9989** est ________ que **9998**.

e **7080** est ________ que **7100**.

f **2000** est ________ que **10000**.

2 Parmi les nombres suivants, lequel est le plus grand ?

a **7171, 7711, 7117**

b **8218, 8812, 8128**

3 Parmi les nombres suivants, lequel est le plus petit ?

a **9909, 9099, 9990**

b **8544, 8454, 8445**

4 Rangez les nombres suivants en commençant par le plus grand.

208   989   1260   1098

5 Rangez les nombres suivants en commençant par le plus petit.

3500   3050   5003   350   3005

2 - Comparer les nombres

6342

6442

Lequel de ces deux nombres est le plus grand ?
De combien d'unités ?

6442

6542

Lequel de ces deux nombres est le plus grand ?
De combien d'unités ?

Quel nombre fait 100 de plus que **6442** ? ____

Quel nombre fait 100 de plus que **6542** ? ____

Complétez les suites de nombres :

a **6342, 6442, 6542,** ____ , ____ .

b **6342, 7342, 8342,** ____ , ____ .

c **6342, 6343, 6344,** ____ , ____ .

d **6342, 6352, 6362,** ____ , ____ .

1 Répondez aux questions suivantes :

a Quel nombre est plus grand que **3 624** de cent unités ?

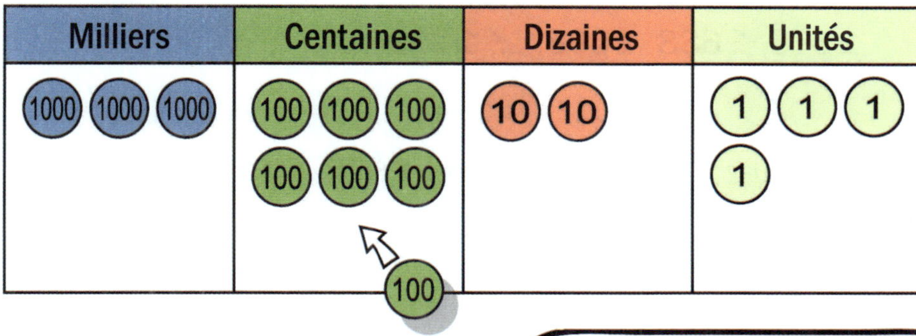

3 624 —+ 100→ [ ]

b Quel nombre est plus grand que **3 624** de 1 unité ?

c Quel nombre est plus grand que **3 624** de 10 unités ?

d Quel nombre est plus grand que **3 624** de 100 unités ?

2 Répondez aux questions suivantes :

a Quel nombre est plus petit que **5 732** de 1 000 unités ?

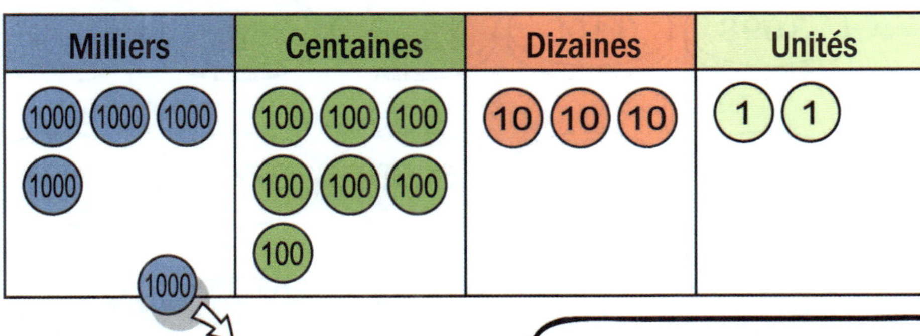

5 732 —− 1 000→ [ ]

b Quel nombre est plus petit que **5 732** de 1 unité ?

c Quel nombre est plus petit que **5 732** de 10 unités ?

d Quel nombre est plus petit que **5 732** de 100 unités ?

3 Calculez.

a Comptez de 10 en 10 de **1678** à **1728**.

1678, 1688, 1698, ..., 1728.

b Comptez de 100 en 100 de **1678** à **2178**.

1678, 1778, 1878, ..., 2178.

c Comptez de 1000 en 1000 de **1678** à **8678**.

1678, 2678, 3678, ..., 8678.

4 Complétez les suites de nombres :

a	3098	3099		3101	3102
b	3098	3108	3118		3138
c	3098		5098	6098	7098
d	3098	3198		3398	3498
e	8903		8883	8873	8863
f		7993	7893	7793	7693

Cahier d'exercices A, Exercice 4.

Exercices 1C

1 Combien d'unités le chiffre **8** représente-t-il dans les nombres suivants ?

a 7**8**65 b 346**8** c **8**005 d 70**8**1

2 Que représente chaque chiffre dans le nombre **5629** ?

3 Complétez.

a Dans **6243**, le chiffre ___ est le chiffre des dizaines : il représente ___ dizaines, c'est-à-dire ___ unités.

b Dans **5029**, le chiffre ___ est le chiffre des centaines : il représente ___ centaine, c'est-à-dire ___ unité.

4 Complétez les suites de nombres :

a **2007, 2008, 2009,** ___ , ___ , ___

b **5612, 5622, 5632,** ___ , ___ , ___

c **1800, 1900, 2000,** ___ , ___ , ___

d **4056, 5056, 6056,** ___ , ___ , ___

5 Complétez les suites de nombres :

a **997, 998, 999,** ___

b **2008,** ___ **, 2010, 2011**

c **5760, 5770,** ___ **, 5790**

d **4800, 4900,** ___ **, 5100**

e **3040,** ___ **, 5040, 6040**

f ___ **, 5400, 5401, 5402**

g **3420,** ___ **, 3620, 3720**

h **4350, 3350,** ___ **, 1350**

i **8160, 7160, 6160,** ___

j **5722, 5712, 5702,** ___

Chapitre 2

L'addition et la soustraction

1 - La somme et la différence

a Quelle est la somme de 4 et 7 ?

$$4 + 7 = \square$$

La somme de 4 et 7 est $\square$.

b Quelle est la différence entre 4 et 7 ?

$$7 - 4 = \square$$

La différence entre 4 et 7 est $\square$.

1 Calculez.

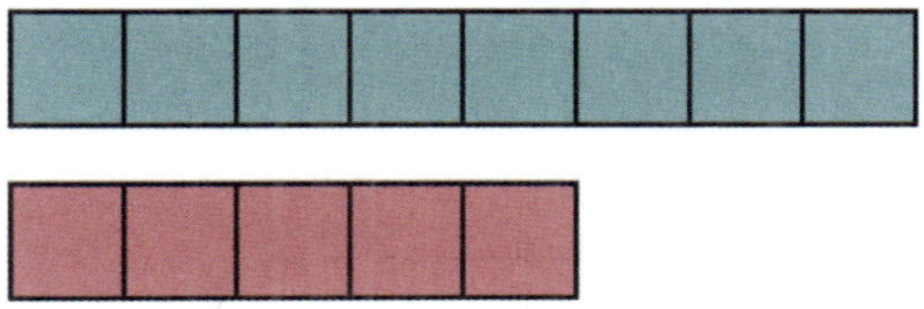

a $8 + 5 =$

La somme de 8 et 5 est .

b $8 - 5 =$

La différence entre 8 et 5 est .

2 Calculez.

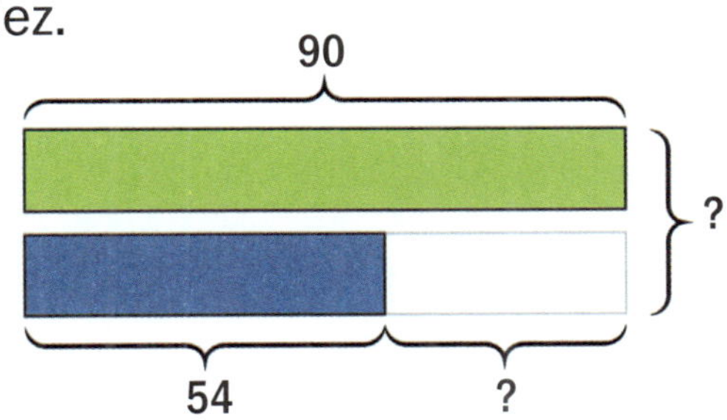

a La somme de 90 et 54 est .

b La différence entre 90 et 54 est .

3 Calculez.

a La somme de 12 et 9 est .

b La somme de deux nombres est 21.
Si l'un des nombres est 9, alors l'autre nombre est .

c La différence entre 21 et 9 est .

d La différence entre 21 et 12 est .

Cahier d'exercices A, Exercice 5.

4 Marie a préparé 686 biscuits. Après en avoir vendu quelques-uns, il lui en reste 298. Combien de biscuits a-t-elle vendus ?

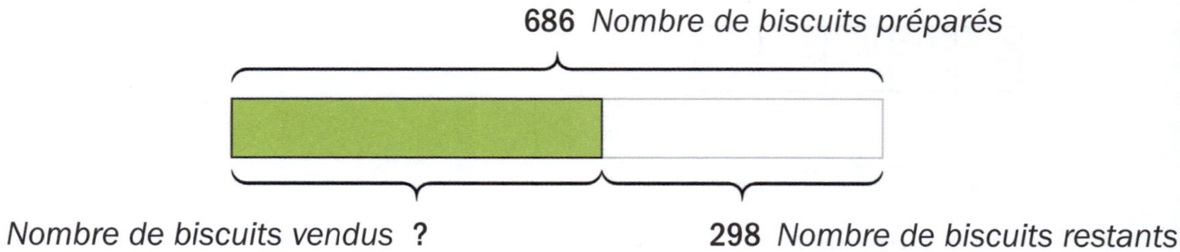

686 – 298 = ▭

Marie a vendu ▭ biscuits.

5 Un marchand a vendu 230 ballons ce matin à la fête foraine.
Ce soir, il en a vendu 86 autres.
Combien de ballons a-t-il vendus en tout aujourd'hui ?

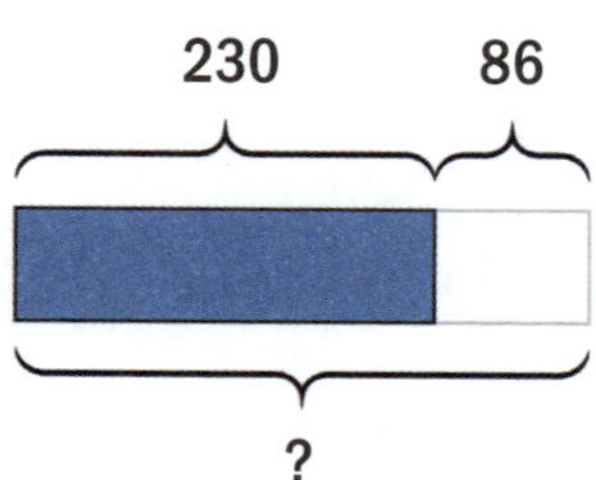

230 + 86 = ▭

En tout, le marchand a vendu ▭ ballons.

6 134 filles et 119 garçons ont participé à une compétition artistique. Combien de filles y a-t-il de plus que de garçons ?

134 − 119 = ______

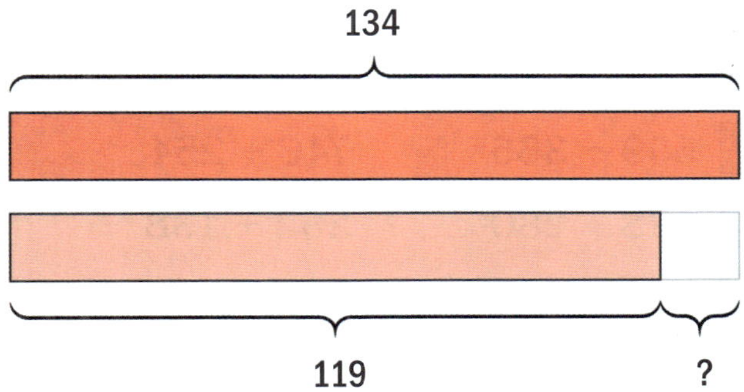

Il y avait ______ filles de plus que de garçons.

7 Léa a économisé 184 €. Elle a économisé 63 € de plus que Marius. Combien a économisé Marius ?

184 − 63 = ______

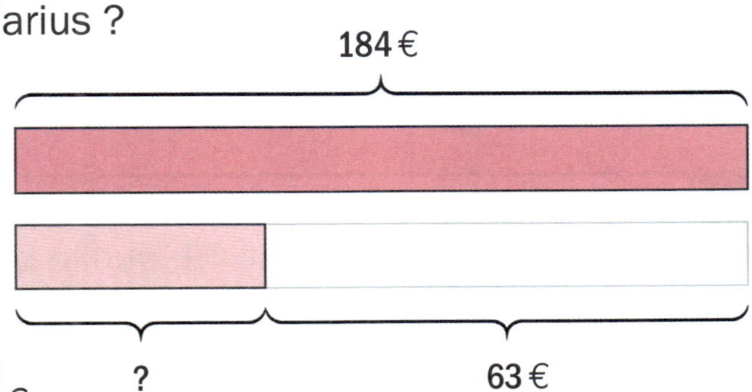

Marius a économisé ______ €.

Cahier d'exercices A, Exercice 6.

8 Étienne a lu 32 pages de son roman ce matin. Il en a lu 14 pages de moins cet après-midi.

a Combien de pages a-t-il lues cet après-midi ?

32 − 14 = 18

Étienne a lu 18 pages cet après-midi.

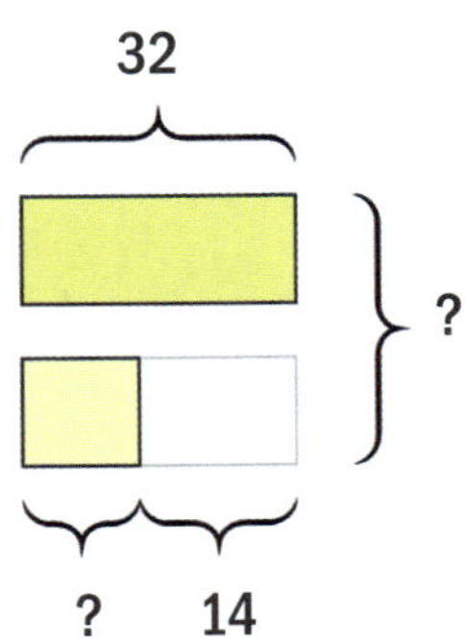

b Combien de pages a-t-il lues en tout aujourd'hui ?

32 + 18 = 50

Étienne a lu 50 pages en tout aujourd'hui.

Cahier d'exercices A, Exercice 7.

Exercices 2A

1 Trouvez le résultat des opérations suivantes :

a	**509 + 365**	**746 + 254**	**715 – 235**	**514 – 266**
b	**128 + 280**	**262 + 138**	**800 – 236**	**600 – 162**
c	**384 + 418**	**432 + 368**	**308 – 153**	**504 – 354**

2 Leila a 254 élastiques. Son amie lui en donne 58 de plus. Combien d'élastiques a-t-elle désormais ?

3 M. Antilogus a acheté 650 petits fours pour une fête d'anniversaire. Après la fête, il reste 39 petits fours. Combien de petits fours ont été mangés pendant la fête ?

4 La somme de deux nombres fait 175. Si l'un des nombres est 49, quelle est la valeur de l'autre nombre ?

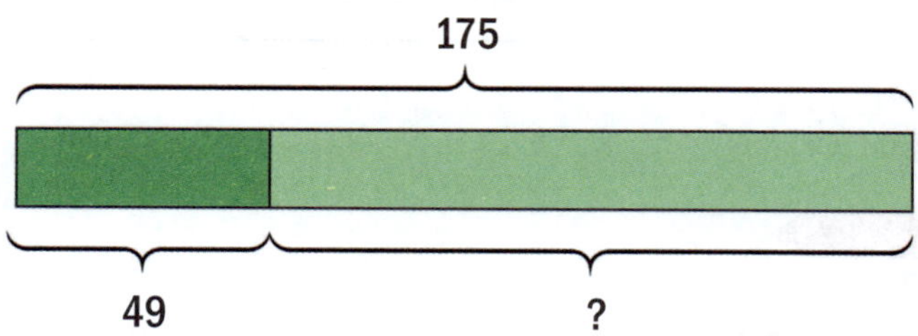

5 La différence entre deux nombres est 68. Si le plus petit nombre des deux est 153, quelle est la valeur du nombre le plus grand ?

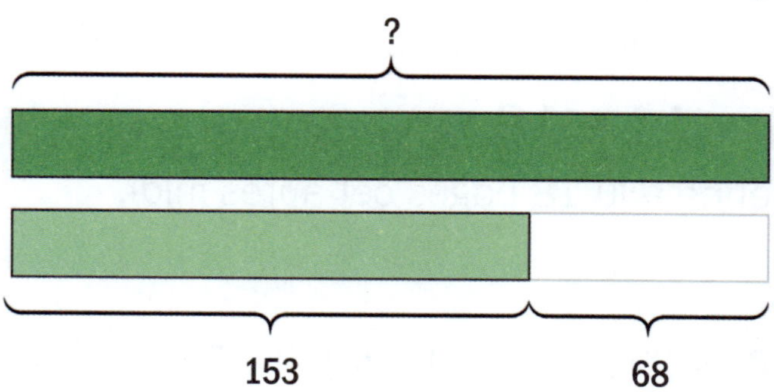

6 La différence entre deux nombres est 48. Si le plus grand nombre des deux est 126, quelle est la valeur du nombre le plus petit ?

Exercices 2B

1 Trouvez le résultat des opérations suivantes :

a	**730 + 313**	**724 + 184**	**746 – 316**	**470 – 371**
b	**305 + 179**	**310 + 184**	**310 – 187**	**627 – 298**
c	**265 + 161**	**668 + 475**	**600 – 382**	**374 – 361**

2 M. Brun a acheté un poste de télévision à 850 €. Il lui reste 450 €. Combien d'argent avait-il au départ ?

3 429 billets de concert ont été vendus dimanche, c'est-à-dire 64 de plus que samedi. Combien de billets ont été vendus samedi ?

4 Ce tableau montre le nombre de biscuits fabriqués par trois machines en une heure.

a Quel est le nombre total de biscuits fabriqués par la machine A et la machine B ?

b Quel est le nombre total de biscuits fabriqués par les trois machines ?

Machine A	**468**
Machine B	**652**
Machine C	**945**

5 Abdel avait 35 billets de loterie à vendre. Il en a vendu 15 hier et 9 aujourd'hui.

a Combien de billets de loterie a-t-il vendus ces deux jours ?

b Combien de billets de loterie n'ont **pas** été vendus ?

6 David a ramassé 830 graines de tournesol. Pierre en a ramassé 177 de moins que David.

a Combien de graines de tournesol Pierre a-t-il ramassées ?

b Combien de graines de tournesol Pierre et David ont-ils ramassées en tout ?

2 - Additionner des unités, des dizaines, des centaines et des milliers

Quel nombre est le plus grand, **2803** ou **1443** ?

$$\begin{array}{r} 2803 \\ +\ 1443 \\ \hline \end{array}$$

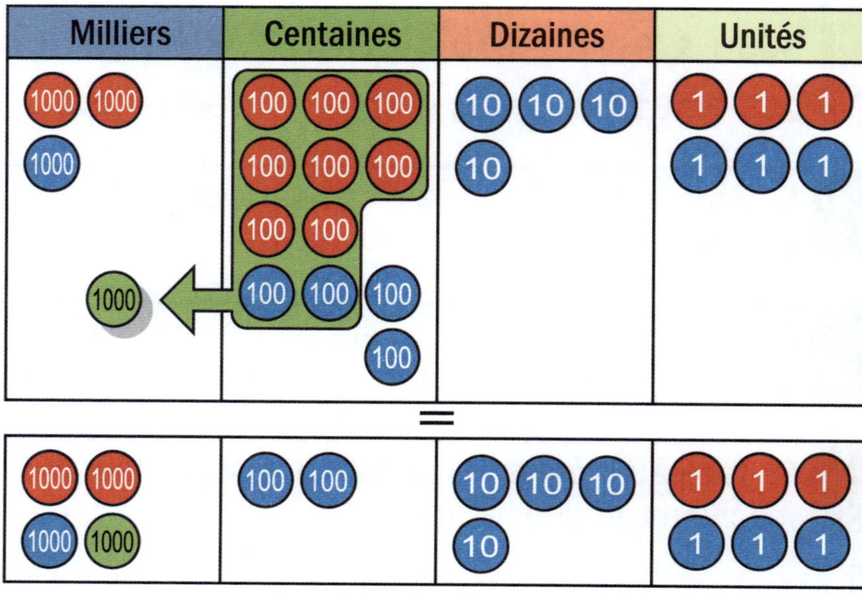

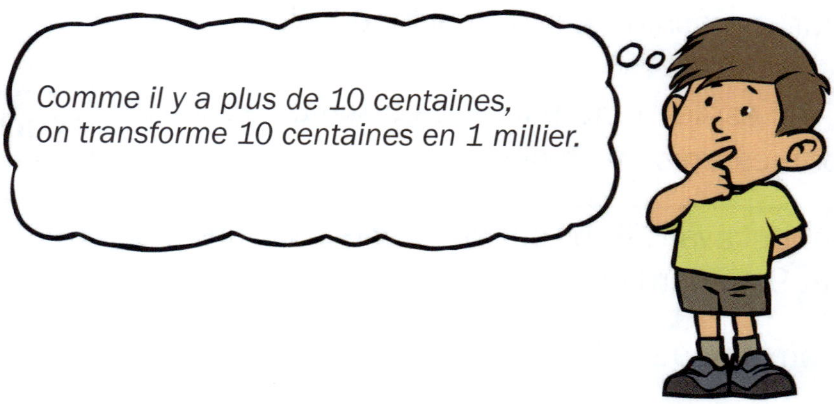

Additionnez les unités.	*Additionnez les dizaines.*	*Additionnez les centaines.*	*Additionnez les milliers.*
$\begin{array}{r} 2803 \\ +\ 1443 \\ \hline 6 \end{array}$	$\begin{array}{r} 2803 \\ +\ 1443 \\ \hline 46 \end{array}$	$\begin{array}{r} {}^{1}\quad \\ 2803 \\ +\ 1443 \\ \hline 246 \end{array}$	$\begin{array}{r} {}^{1}\quad\ \ \\ 2803 \\ +\ 1443 \\ \hline 4446 \end{array}$

1 Calculez.

a. 4 263 + 6
b. 4 263 + 20
c. 4 263 + 400
d. 4 263 + 3 000
e. 4 263 + 425
f. 4 263 + 3 425

2 Calculez.

2 048 + 2 = ☐

$$\begin{array}{r} 2\,048 \\ +\quad 2 \\ \hline \end{array}$$

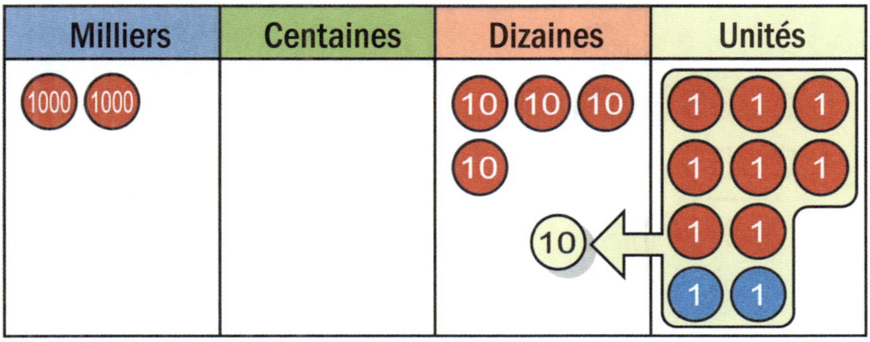

3 Calculez.

5 840 + 60 = ☐

$$\begin{array}{r} 5\,840 \\ +\quad 60 \\ \hline \end{array}$$

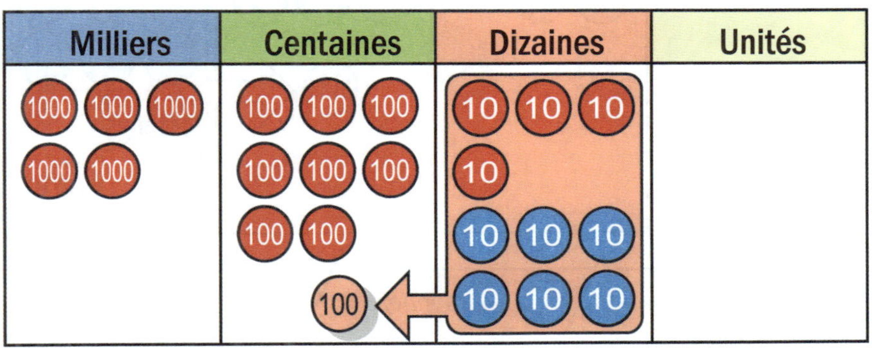

4 Calculez.

3 700 + 300 = ☐

$$\begin{array}{r} 3\,700 \\ +\quad 300 \\ \hline \end{array}$$

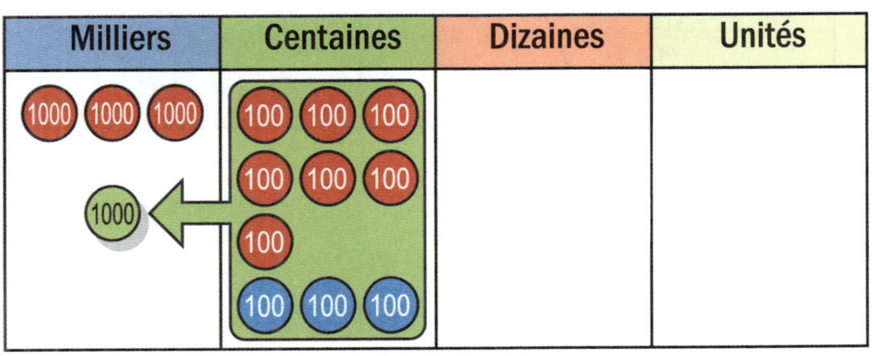

5 Calculez.

a 1028 + 234 b 2409 + 1245 c 4190 + 649

d 3260 + 4282 e 6204 + 993 f 5402 + 2960

Cahier d'exercices A, Exercice 8.

6 Calculez la somme de **1 266** et **2 355**.

$$\begin{array}{r} 1\,266 \\ +\,2\,355 \\ \hline \end{array}$$

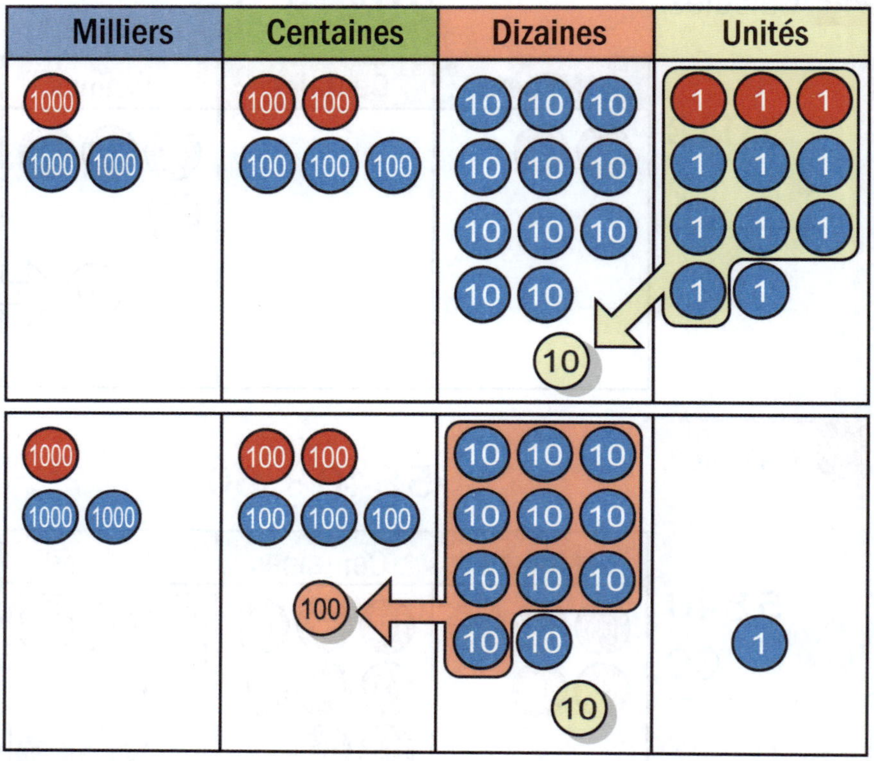

Additionnez les unités.

$$\begin{array}{r} {\scriptstyle 1} \\ 1\,266 \\ +\,2\,355 \\ \hline 1 \end{array}$$

Additionnez les dizaines.

$$\begin{array}{r} {\scriptstyle 1\,1} \\ 1\,266 \\ +\,2\,355 \\ \hline 21 \end{array}$$

Additionnez les centaines.

$$\begin{array}{r} {\scriptstyle 1\,1} \\ 1\,266 \\ +\,2\,355 \\ \hline 621 \end{array}$$

Additionnez les milliers.

$$\begin{array}{r} {\scriptstyle 1\,1} \\ 1\,266 \\ +\,2\,355 \\ \hline 3\,621 \end{array}$$

7 Calculez.

a 1326 + 194 b 3762 + 5158 c 5471 + 787

d 6942 + 1095 e 7246 + 845 f 4653 + 2729

8 Calculez la somme de **3 589** et **2 443**.

$$\begin{array}{r} 3\,589 \\ +\ 2\,443 \\ \hline \end{array}$$

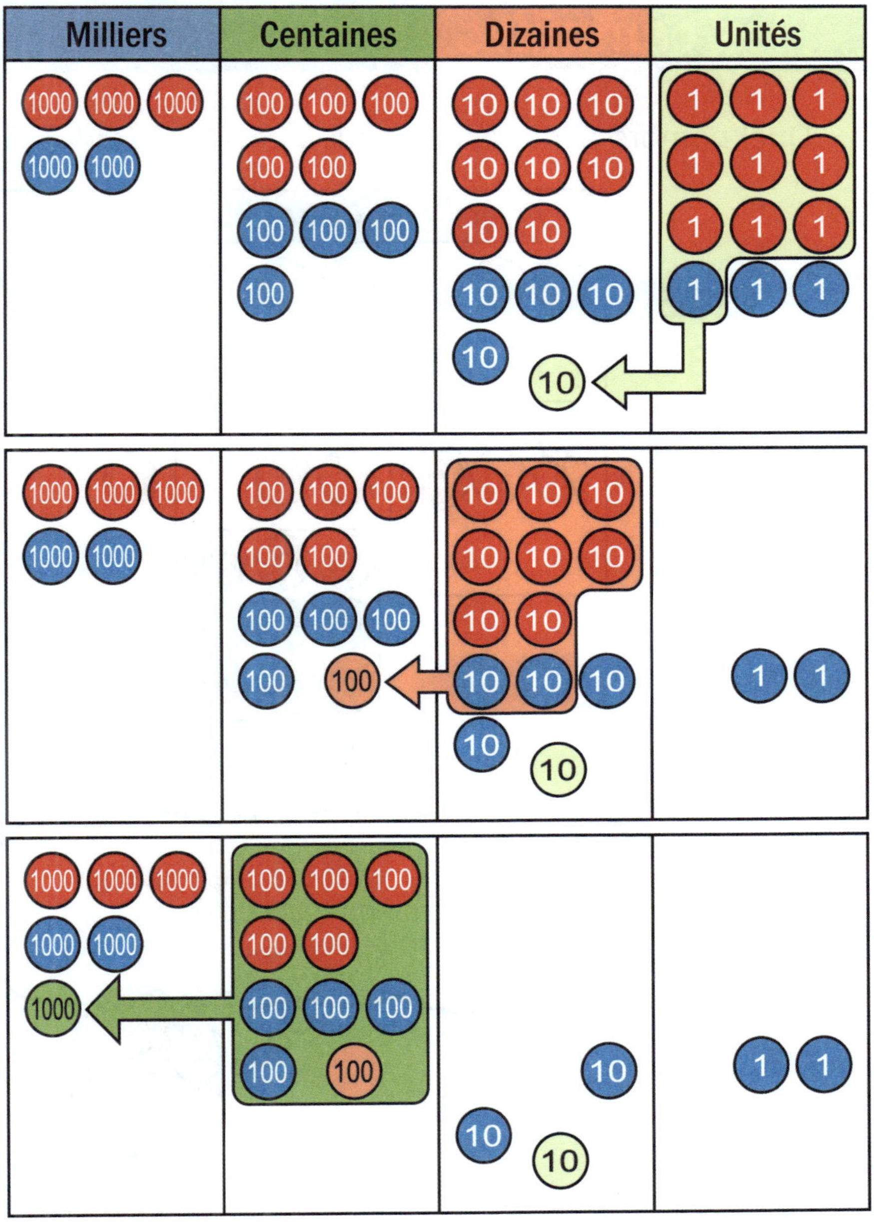

Additionnez les unités.

$$\begin{array}{r} {\scriptstyle 1} \\ 3\,589 \\ +\ 2\,443 \\ \hline \mathbf{2} \end{array}$$

Additionnez les dizaines.

$$\begin{array}{r} {\scriptstyle 1\,1} \\ 3\,589 \\ +\ 2\,443 \\ \hline \mathbf{3}2 \end{array}$$

Additionnez les centaines.

$$\begin{array}{r} {\scriptstyle 1\ 1\ 1} \\ 3\,589 \\ +\ 2\,443 \\ \hline \mathbf{0}32 \end{array}$$

Additionnez les milliers.

$$\begin{array}{r} {\scriptstyle 1\ 1\ 1} \\ 3\,589 \\ +\ 2\,443 \\ \hline \mathbf{6}\,032 \end{array}$$

Cahier d'exercices A, Exercice 9.

3 - Soustrayez les unités, les dizaines, les centaines et les milliers

Quel nombre est le plus grand, **3 246** ou **1 634** ?

$$\begin{array}{r} 3\,246 \\ -\,1\,634 \\ \hline \end{array}$$

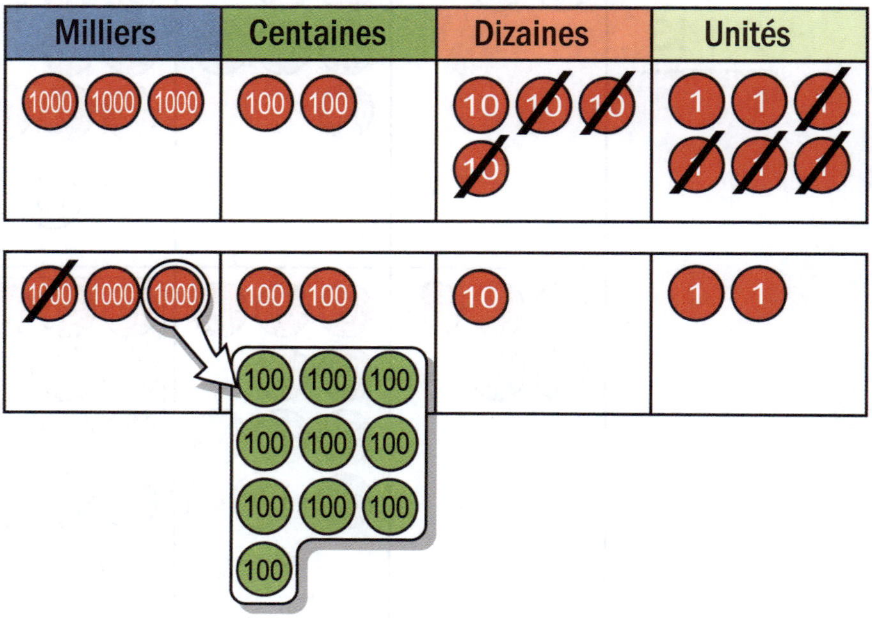

Soustrayez les unités.

$$\begin{array}{r} 3\,246 \\ -\,1\,634 \\ \hline \mathbf{2} \end{array}$$

Soustrayez les dizaines.

$$\begin{array}{r} 3\,246 \\ -\,1\,634 \\ \hline \mathbf{12} \end{array}$$

Soustrayez les centaines.

$$\begin{array}{r} {}^{2}\,{}^{12} \\ \not{3}\,\not{2}46 \\ -\,1\,634 \\ \hline \mathbf{612} \end{array}$$

Soustrayez les milliers.

$$\begin{array}{r} {}^{2}\,{}^{12} \\ \not{3}\,\not{2}46 \\ -\,1\,634 \\ \hline \mathbf{1\,612} \end{array}$$

1 Calculez.

a $6\,847 - 3$

b $6\,847 - 20$

c $6\,847 - 500$

d $6\,847 - 4\,000$

e $6\,847 - 523$

f $6\,847 - 4\,523$

2 Calculez.

$5\,340 - 6 =$ ______

$$\begin{array}{r} 5\,340 \\ -\quad\quad 6 \\ \hline \end{array}$$

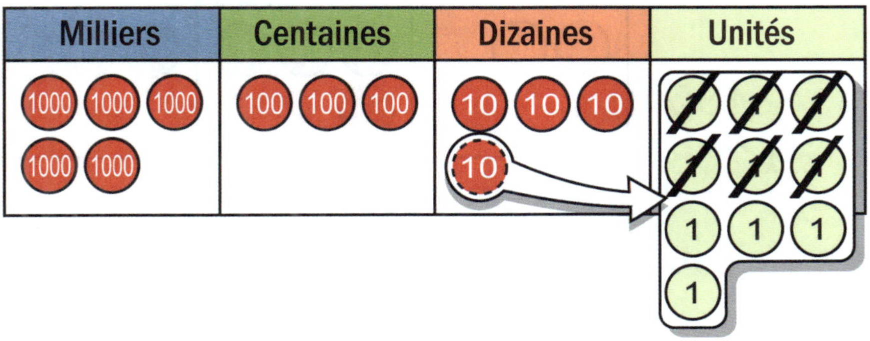

3 Calculez.

$4\,500 - 80 =$ ______

$$\begin{array}{r} 4\,500 \\ -\quad\quad 80 \\ \hline \end{array}$$

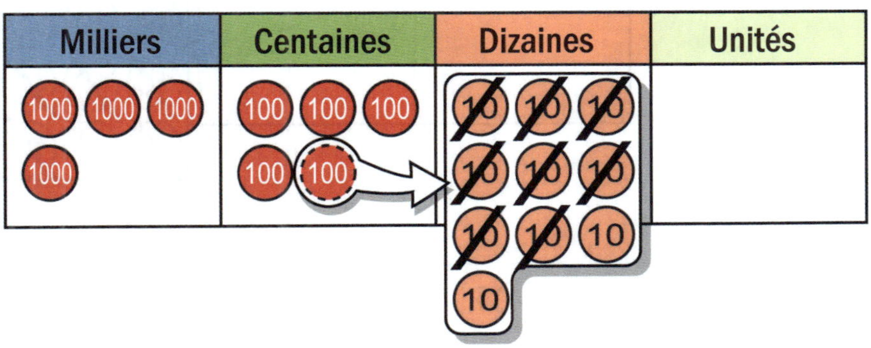

4 Calculez.

$7\,000 - 300 =$ ______

$$\begin{array}{r} 7\,000 \\ -\quad 300 \\ \hline \end{array}$$

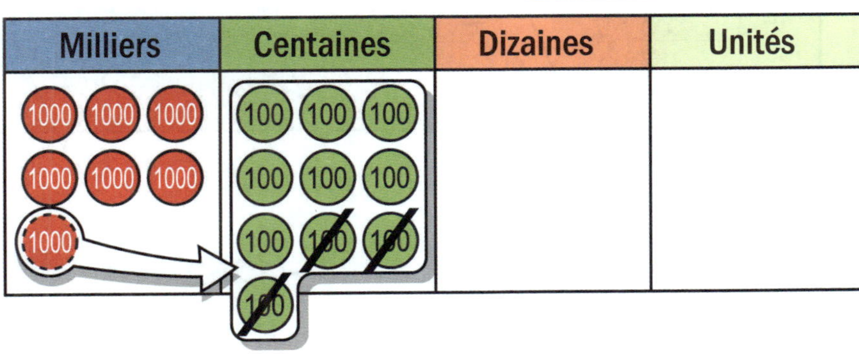

5 Calculez.

a 4 821 – 514 b 5 645 – 1 317 c 6 743 – 461

d 8 769 – 3 292 e 9 674 – 853 f 7 356 – 4 731

Cahier d'exercices A, Exercice 10.

6 Calculez la différence entre **2 435** et **1 268**.

$$\begin{array}{r} 2\,435 \\ -\,1\,268 \\ \hline \end{array}$$

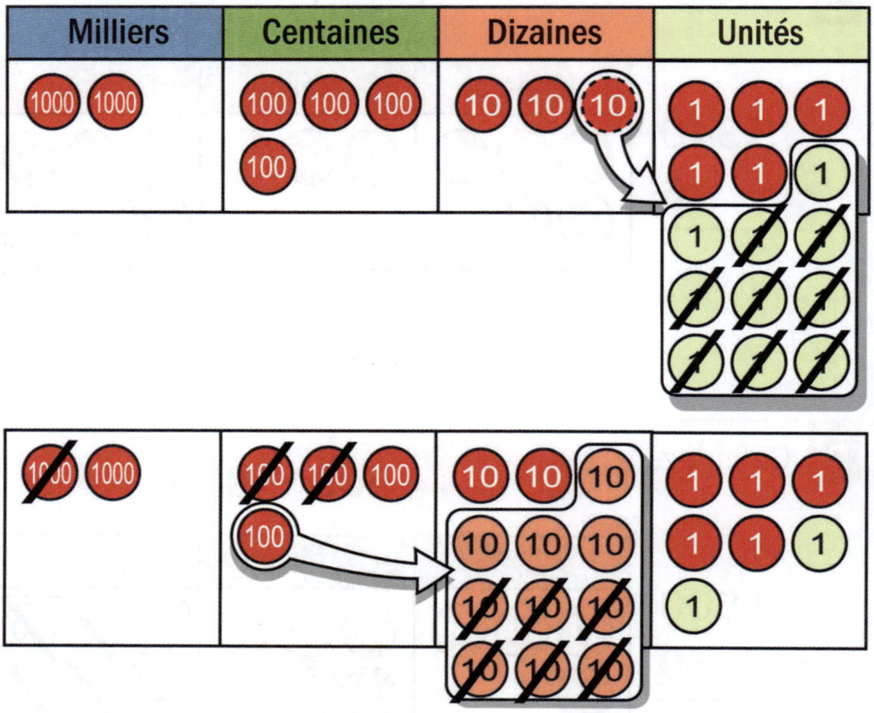

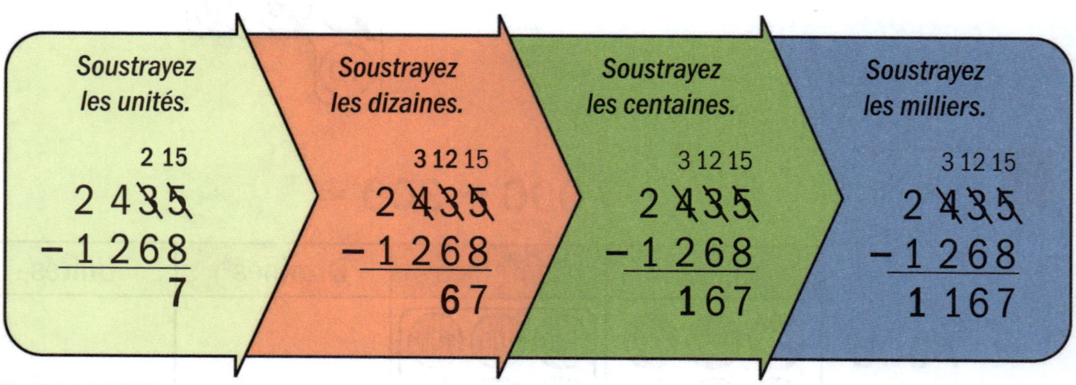

7 Calculez.

a 7 613 – 185 b 8 450 – 4 262 c 4 581 – 790

d 9 608 – 6 894 e 6 094 – 853 f 3 640 – 1 807

8 Calculez la différence entre **5 243** et **2 787**.

$$\begin{array}{r} 5\,243 \\ -\,2\,787 \\ \hline \end{array}$$

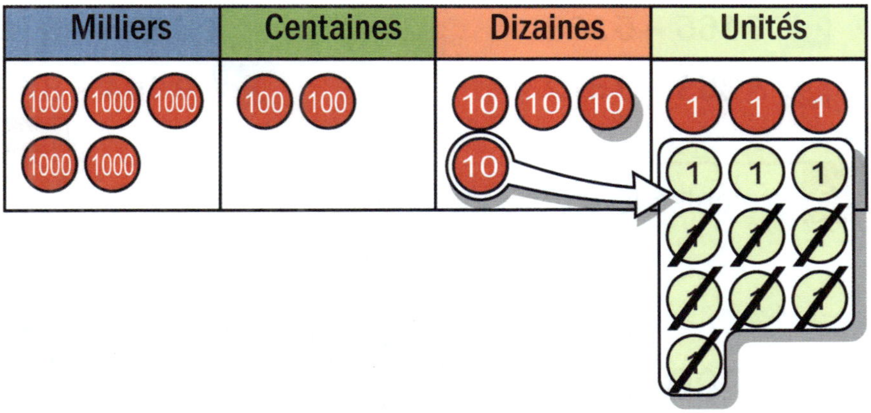

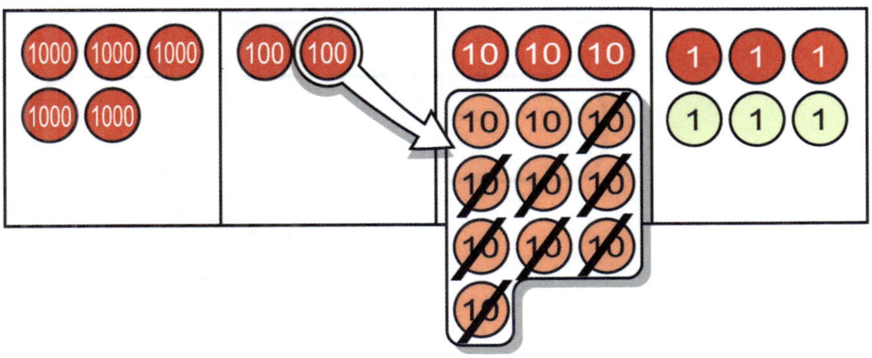

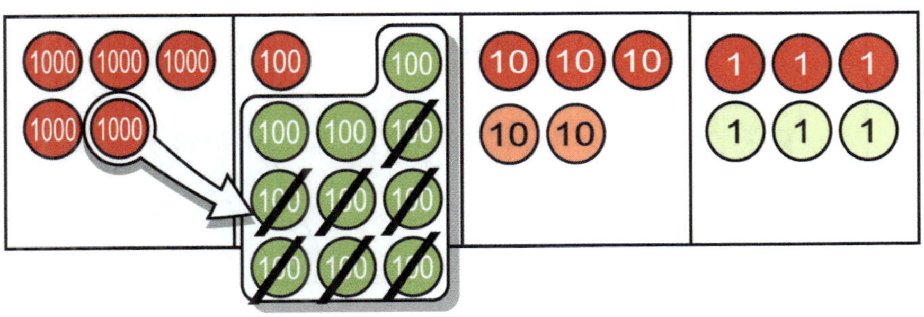

Soustrayez les unités.

$$\begin{array}{r} {\scriptstyle 3\;13} \\ 5\,2\,\not4\,\not3 \\ -\,2\,7\,8\,7 \\ \hline 6 \end{array}$$

Soustrayez les dizaines.

$$\begin{array}{r} {\scriptstyle 1\;13\;13} \\ 5\,\not2\,\not4\,\not3 \\ -\,2\,7\,8\,7 \\ \hline 5\,6 \end{array}$$

Soustrayez les centaines.

$$\begin{array}{r} {\scriptstyle 4\;11\;13\;13} \\ 5\,\not2\,\not4\,\not3 \\ -\,2\,7\,8\,7 \\ \hline 4\,5\,6 \end{array}$$

Soustrayez les milliers.

$$\begin{array}{r} {\scriptstyle 4\;11\;13\;13} \\ 5\,\not2\,\not4\,\not3 \\ -\,2\,7\,8\,7 \\ \hline 2\,4\,5\,6 \end{array}$$

9 Calculez.

a) 7 165 – 5 268

b) 6 875 – 3 996

c) 8 353 – 3 572

d) 9 564 – 8 467

Cahier d'exercices A, Exercice 11.

10 Calculez la différence entre **6 000** et **257**.

```
  6 000
–   257
```

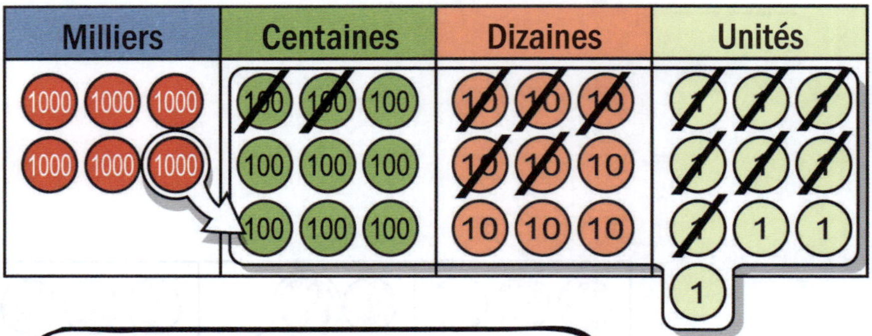

Soustrayez les unités.	*Soustrayez les dizaines.*	*Soustrayez les centaines.*	*Soustrayez les milliers.*
5 9 9 10 ~~6~~ ~~0~~ ~~0~~ ~~0~~ – 257 3	5 9 9 10 ~~6~~ ~~0~~ ~~0~~ ~~0~~ – 257 43	5 9 9 10 ~~6~~ ~~0~~ ~~0~~ ~~0~~ – 257 743	5 9 9 10 ~~6~~ ~~0~~ ~~0~~ ~~0~~ – 257 5 743

11 Calculez la différence entre **6 004** et **2 678**.

Soustrayez les unités.	*Soustrayez les dizaines.*	*Soustrayez les centaines.*	*Soustrayez les milliers.*
5 9 9 10 ~~6~~ ~~0~~ ~~0~~ ~~4~~ – 2 678 6	5 9 9 10 ~~6~~ ~~0~~ ~~0~~ ~~4~~ – 2 678 26	5 9 9 10 ~~6~~ ~~0~~ ~~0~~ ~~4~~ – 2 678 326	5 9 9 10 ~~6~~ ~~0~~ ~~0~~ ~~4~~ – 2 678 3 326

12 Calculez.

a 4 000 − 392

b 7 002 − 4 847

c 3 020 − 2 430

d 5 000 − 2 074

13 Calculez la différence entre **5 200** et **948**.

$$\begin{array}{r} 5\,200 \\ -\quad 948 \\ \hline \end{array}$$

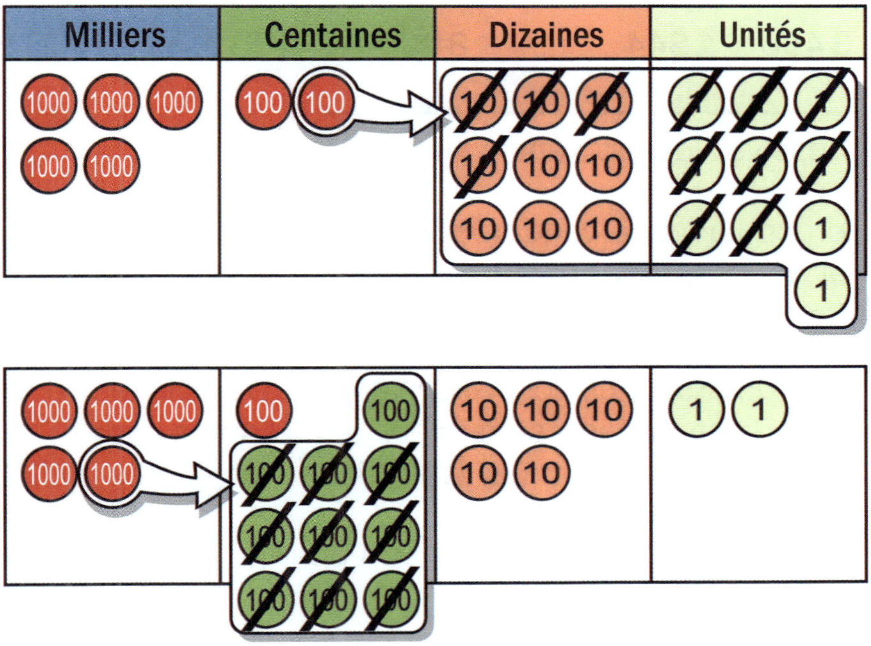

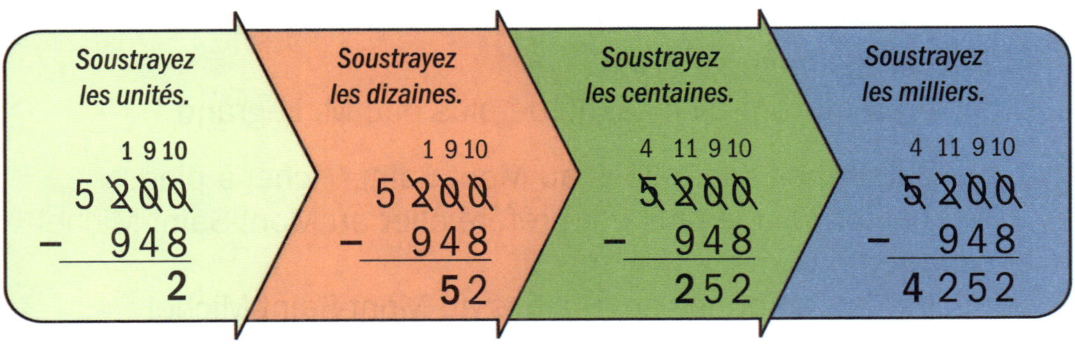

14 Calculez.

a 8 007 − 3 429

b 6 900 − 745

c 9 403 − 4 275

d 5 302 − 4 618

e 7 063 − 5 476

f 10 000 − 5 721

Cahier d'exercices A, Exercice 12.

Exercices 2C

1 Trouvez le résultat des opérations suivantes :

a	**4 329 + 5 450**	**3 642 + 1 253**	**7 465 − 3 214**
b	**6 347 + 2 613**	**5 294 + 2 706**	**5 277 − 1 863**
c	**4 389 + 3 175**	**7 804 − 6 935**	**8 016 − 5 452**
d	**3 490 + 1 844**	**8 000 − 3 405**	**3 378 − 2 499**

2 Résolvez les problèmes suivants :

a Un boulanger a vendu 957 tartelettes au fromage et 1 238 tartelettes aux légumes.
Combien de tartelettes a-t-il vendues en tout ?

b 1 730 personnes sont allées à la foire aux livres ce matin.
2 545 personnes y sont allées dans l'après-midi.
Combien de personnes y avait-il en plus l'après-midi ?

c M. Lefort et M. Brun ont fait un don de 2 937 € à une œuvre caritative.
M. Lefort a donné 1 450 €. Combien M. Brun a-t-il donné ?

d M. Girard a gagné 3 265 €.
M. Legrand a gagné 2 955 €.
Combien M. Girard a-t-il gagné de plus que M. Legrand ?

e 1 147 personnes sont allées au Mont-Saint-Michel à pied.
3 996 personnes de plus ont préféré aller au Mont-Saint-Michel en voiture.
Combien de personnes sont allées au Mont-Saint-Michel en voiture ?

f Alice a économisé 2 900 €.
Elle a économisé 1 567 € de moins que son frère.
Combien son frère a-t-il économisé ?

Exercices 2D

1 Trouvez le résultat des opérations suivantes :

a	**4 329 + 5 450**	**3 642 + 1 253**	**7 465 − 3 214**
b	**6 347 + 2 613**	**5 294 + 2 706**	**5 277 − 1 863**
c	**4 389 + 3 175**	**7 804 − 6 935**	**8 016 − 5 452**
d	**3 490 + 1 844**	**8 000 − 3 405**	**3 378 − 2 499**

2 Résolvez les problèmes suivants :

a 2 055 personnes ont assisté à un concert.
1 637 étaient des adultes.
Combien d'enfants ont assisté au concert ?

b Il y a 1 206 élèves dans une école.
Hier, il y avait 47 absents.
Combien d'élèves étaient présents ?

c Sur 2 316 billets vendus, 1 548 étaient des billets pour le match de football.
Les autres billets étaient pour le match de rugby.
Combien de billets pour le match de rugby ont été vendus ?

d Le tableau montre les prix de deux pianos.
1. Quel est le piano le moins cher ?
2. De combien ?

Piano A	**2 005 €**
Piano B	**1 542 €**

e Jacques Mitron avait 5 000 €.
Il a dépensé 2 572 € pour faire un grand voyage et 955 € pour acheter une télévision.
1. Combien d'argent a-t-il dépensé ?
2. Combien d'argent lui reste-t-il ?

f Dans une école, il y a 1 225 élèves le matin et 904 élèves l'après-midi.
1. Combien y a-t-il d'élèves en moins l'après-midi ?
2. Combien d'élèves y a-t-il en tout ?

4 - Problèmes mathématiques en deux étapes

Léa a ramassé 17 bananes et Tom en a ramassé 12.
Ils ont mangé 20 bananes.
Combien leur reste-t-il de bananes ?

17 + 12 = ____

En tout, Léa et Tom ont ramassé 29 bananes.

29 – 20 = ____

Il reste ____ bananes.

1 Calculez.

125 enfants ont participé à un concours de mathématiques.
54 d'entre eux sont des filles.
Combien de garçons y avait-il de plus que de filles ?

125 – 54 = 71

Il y avait 71 garçons.

71 – 54 = ____

Il y avait ____ garçons de plus que de filles.

2 Calculez.

Pierre a collectionné 137 timbres.
Il a collectionné 27 timbres de moins que sa sœur Leila.
Combien de timbres ont-ils collectionnés en tout ?

137 + 27 = 164

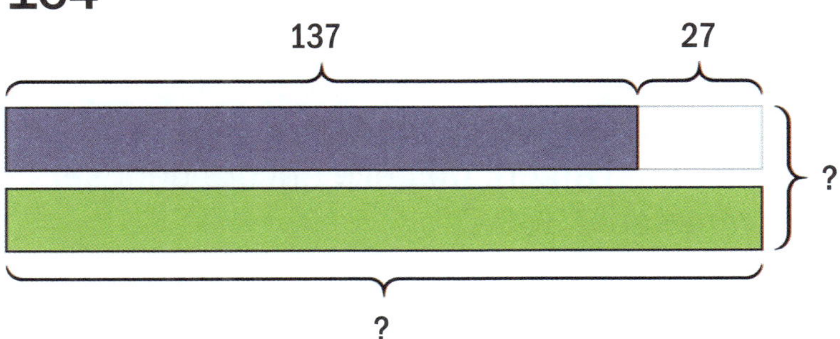

Leila a collectionné 164 timbres.

137 + 164 = ____

Ils ont collectionné en tout ____ timbres.

Cahier d'exercices A, Exercice 13.

Exercices 2E

2 Résolvez les problèmes suivants :

a Un fermier a ramassé 1 930 œufs de poule.
Il a ramassé 859 œufs de canard de moins que d'œufs de poule.
Combien d'œufs a-t-il ramassés en tout ?

b 4 100 enfants ont participé à un concours artistique.
2 680 d'entre eux étaient des garçons.
Combien de garçons y avait-il de plus que de filles ?

c Marie a fait 1 050 brochettes de poulet et 950 brochettes d'agneau. Elle a vendu 1 765 brochettes en tout.
Combien lui reste-t-il de brochettes ?

d M. Brun a 3 915 € sur son compte en banque.
Il a dépensé 1 268 € pour le loyer et le chauffage, et 1 380 € pour la réparation de sa voiture.
Combien d'argent lui reste-t-il ?

e Une photocopieuse coûte 1 739 €.
Une imprimante coûte 850 € de moins qu'une photocopieuse.
L'entreprise Toucouleur achète la photocopieuse et l'imprimante.
Combien doit-elle payer ?

f Mme Tsonga avait 2 467 € à la banque.
Elle a déposé 133 € de plus.
Combien d'argent doit-elle encore déposer pour atteindre la somme de 3 300 € ?

g Il y a 4 608 membres dans un club.
2 745 d'entre eux sont des hommes. 855 sont des femmes.
Les autres sont des enfants.
Combien d'enfants y a-t-il dans le club ?

h Léa a économisé 1 035 €.
Lucile a économisé 278 € de plus qu'Agnès.
Agnès a économisé 105 € de moins que Lucile.
Combien d'argent Agnès a-t-elle économisé ?

Chapitre 3

La multiplication et la division

1 - Révision

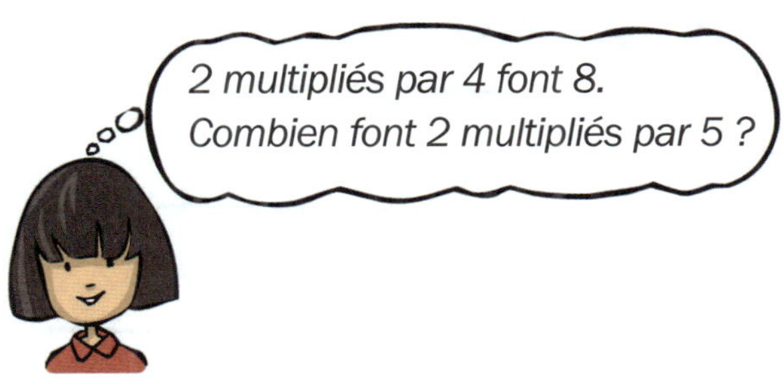

1 Trouvez le résultat des opérations suivantes :

4 x 3 = ___ **3 x 4 = ___**

4 + 4 + 4 = ___ **3 + 3 + 3 + 3 = ___**

Cahier d'exercices A, Exercices 14 et 15.

2 Quels sont les nombres manquants ?

___ x 4 = 28
4 x ___ = 28
28 ÷ 4 = ___

___ x 3 = 30
3 x ___ = 30
30 ÷ 3 = ___

___ x 5 = 35
5 x ___ = 35
35 ÷ 5 = ___

___ x 10 = 40
10 x ___ = 40
40 ÷ 10 = ___

3 Combien d'étoiles y a-t-il sur chaque paire de cartes ?

3 x 2 =

2 x 2 =

1 x 2 =

0 x 2 =

4 Trouvez le résultat des opérations suivantes :

Un joueur lance trois anneaux sur un piquet.
Pour chaque anneau qui atteint son but, le joueur marque 2 points.
Combien de points a-t-il marqués sur les dessins suivants ?

2 x 3 =

2 x 2 =

2 x 1 =

2 x 0 =

Cahier d'exercices A, Exercices 16 et 17.

5 Résolvez le problème suivant :

Il y a 8 boutons sur 1 plaquette.
Combien y a-t-il de boutons en tout sur les 5 plaquettes ?

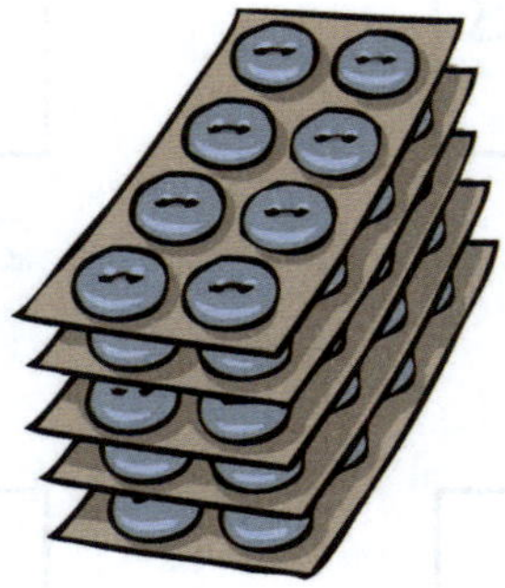

$8 \times 5 =$ ☐

Il y a ☐ boutons en tout.

6 Résolvez le problème suivant :

Un tailleur utilise 21 m de tissu pour confectionner des robes.
Il utilise 3 m de tissu pour chaque robe.
Combien de robes confectionne-t-il ?

$21 \div 3 =$ ☐

Le tailleur confectionne ☐ robes.

Cahier d'exercices A, Exercice 18.

Exercices 3A

1 Trouvez le résultat des opérations suivantes :

a	4 x 3	16 ÷ 2	0 x 4	50 ÷ 10
b	5 x 6	21 ÷ 3	2 x 10	0 ÷ 4
c	7 x 0	36 ÷ 4	4 x 9	18 ÷ 2

2 Résolvez les problèmes suivants :

a M. Antilogus achète 3 barquettes de fraises.
Il y a 8 fraises dans chaque barquette.
Combien de fraises achète-t-il en tout ?

b Michel a disposé 24 petits soldats sur 4 rangées. Il y avait un nombre identique de petits soldats dans chaque rangée.
Combien de petits soldats y avait-il dans chaque rangée ?

c Léa a économisé 5 € par semaine pendant 8 semaines.
Combien a-t-elle économisé en tout ?

d Mme Nemo a acheté 3 kilos de figues pour 18 €.
Combien coûte 1 kilo ?

e Marie a cuit 6 gâteaux.
Elle a mis 10 cerises sur chaque gâteau.
Combien de cerises a-t-elle utilisées en tout ?

f David a acheté 4 ananas à 3 € pièce.
Combien a-t-il payé en tout ?

g Il y a 27 bureaux à laver.
Trois élèves se partagent le travail équitablement.
Combien de bureaux chaque garçon doit-il nettoyer ?

h 3 enfants ont écrit 24 cartes d'anniversaire en tout.
Chaque enfant a écrit le même nombre de cartes.
Combien de cartes chaque enfant a-t-il écrites ?

2 - Plus de problèmes mathématiques

Il y a 9 fleurs jaunes.
Il y a 3 fois plus de fleurs bleues que de fleurs jaunes.
Combien de fleurs bleues y a-t-il ?

9 x 3 = 27

Il y a ______ fleurs bleues.

1 Résolvez le problème suivant :

Nolwenn a 16 €.
Elle a deux fois plus d'argent que Suzie.
Combien Suzie a-t-elle d'argent ?

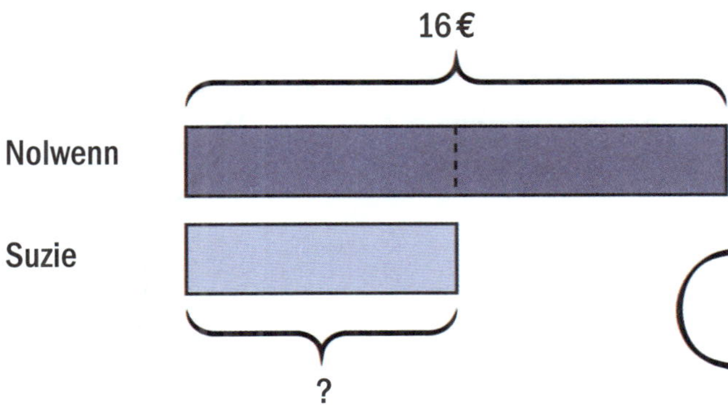

16 ÷ 2 = ____

Suzie a ____ €.

2 Résolvez le problème suivant :

4 enfants ont acheté ensemble un cadeau pour 28 €.
Ils ont partagé le coût équitablement.
Combien chaque enfant a-t-il payé ?

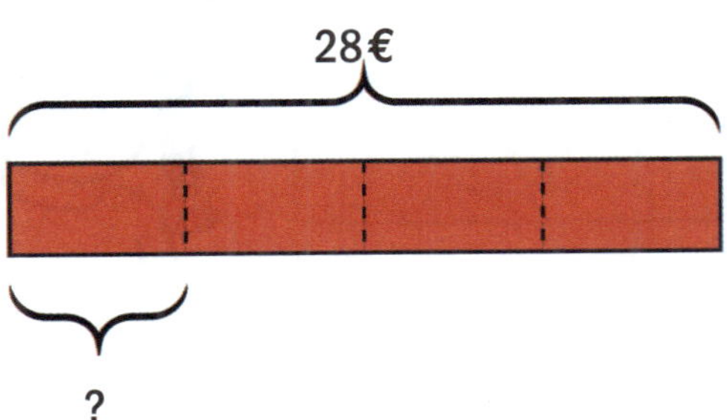

28 ÷ 4 = ____

Chaque enfant a payé ____ €.

3 Résolvez le problème suivant :

5 enfants ont acheté ensemble un cadeau, en partageant équitablement le coût. Chacun d'entre eux a payé 6 €.
Combien coûtait le cadeau ?

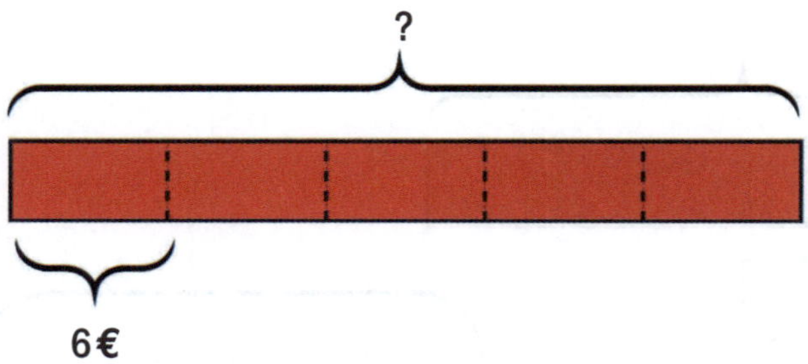

6 x 5 = ____

Le cadeau coûtait ____ €.

Cahier d'exercices A, Exercice 19.

4 Résolvez le problème suivant :

Un fermier a 7 canards.
Il a 5 fois plus de poulets que de canards.
Combien de poulets a-t-il de plus que de canards ?

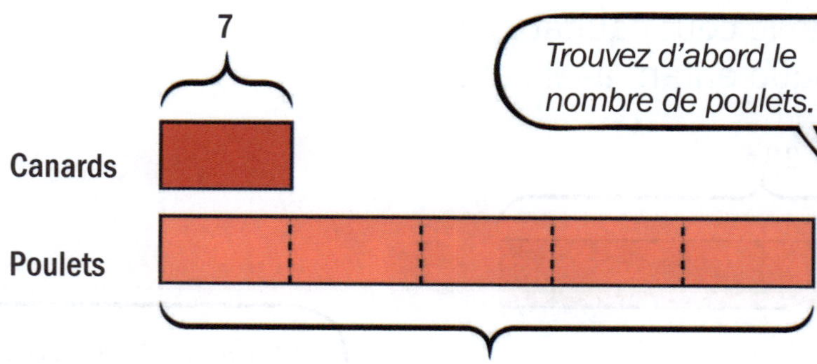

7 x 5 = 35

Le fermier a 35 poulets.

35 – 7 = ____

Le fermier a ____ poulets de plus que de canards.

Cahier d'exercices A, Exercice 20.

Exercices 3B

1 Trouvez le résultat des opérations suivantes :

a	6 x 2	24 ÷ 3	2 x 7	32 ÷ 4	9 x 10
b	7 x 3	14 ÷ 2	5 x 6	20 ÷ 5	70 ÷ 10
c	3 x 4	25 ÷ 5	4 x 8	27 ÷ 4	3 x 9
d	7 x 5	16 ÷ 4	10 x 2	60 ÷ 10	36 ÷ 4

2 Résolvez les problèmes suivants :

a Dans la classe, il y a 6 rangées de chaises.
Il y a 30 chaises en tout.
Combien de chaises y a-t-il dans chaque rangée ?

b Une petite voiture coûte 6 €.
Un train électrique coûte 5 fois plus cher que la petite voiture.
Combien coûte le train électrique ?

c Mme Brun a acheté 10 serviettes. Chaque serviette coûte 10 €.
Combien Mme Brun a-t-elle payé ?

d Hassan pèse 36 kilos.
Il est 4 fois plus lourd que son petit frère.
Combien pèse son petit frère ?

e Mme Miller a acheté 6 boîtes de crayons.
Il y avait 5 crayons bleus et 3 crayons rouges dans chaque boîte.
1. Combien de crayons y avait-il dans chaque boîte ?
2. Combien de crayons Mme Miller a-t-elle achetés en tout ?

f Le libraire a étiqueté 5 piles de 8 livres ce matin.
Il a étiqueté 30 livres cet après-midi.
1. Combien de livres a-t-il étiquetés ce matin ?
2. Combien de livres a-t-il étiquetés en tout ?

g À la fête d'anniversaire de Léa, il y a 9 ballons rouges.
Il y a 3 fois plus de ballons bleus que de ballons rouges.
Combien de ballons y a-t-il en tout ?

Exercices 3C

1 Trouvez le résultat des opérations suivantes :

a	6 x 2	24 ÷ 3	2 x 7	32 ÷ 4	9 x 10
b	7 x 3	14 ÷ 2	5 x 6	20 ÷ 5	70 ÷ 10
c	3 x 4	25 ÷ 5	4 x 8	27 ÷ 4	3 x 9
d	7 x 5	16 ÷ 4	10 x 2	60 ÷ 10	36 ÷ 4

2 Résolvez les problèmes suivants :

a Léa a gagné 10 € par jour en faisant du baby-sitting.
Elle a travaillé pendant 7 jours.
Combien a-t-elle gagné en tout ?

b M. Antilogus a acheté 15 kilos de riz.
Il a acheté 3 fois plus de riz que de sucre.
Combien de kilos de sucre a-t-il achetés ?

c Célia fait des gammes et des exercices de piano 2 heures par jour.
Combien d'heures s'entraîne-t-elle en 7 jours ?

d Mme Brun a réparti équitablement 16 litres de sirop dans 4 bouteilles.
Combien de litres de sirop y a-t-il dans chaque bouteille ?

e Hélène a 6 cartes postales.
Abdel a 3 fois plus de cartes postales qu'Hélène.
Combien Abdel a-t-il de cartes postales de plus qu'Hélène ?

f Emmanuel a 6 poissons rouges. Il a 5 fois plus de poissons-lunes que de poissons rouges.
S'il répartit équitablement ses poissons-lunes dans 5 aquariums différents, combien de poissons-lunes y aura-t-il dans chaque aquarium ?

g M. Antilogus a acheté 18 crayons.
Il a acheté 2 fois plus de crayons que de stylos.
Chaque stylo ayant coûté 3 €, combien lui ont-ils coûté ?

3 - Multiplier les unités, les dizaines et les centaines

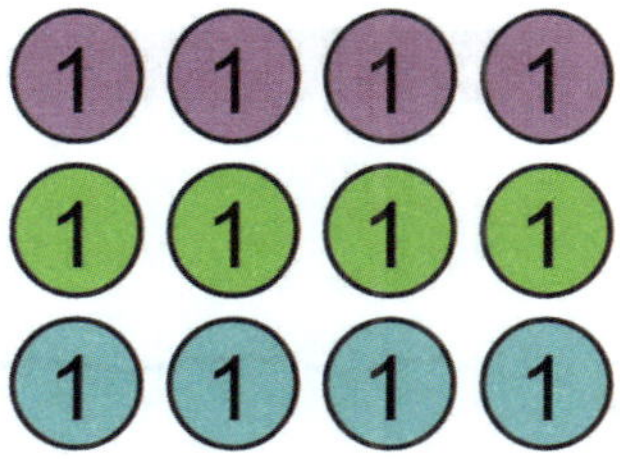

$4 \times 3 = 12$

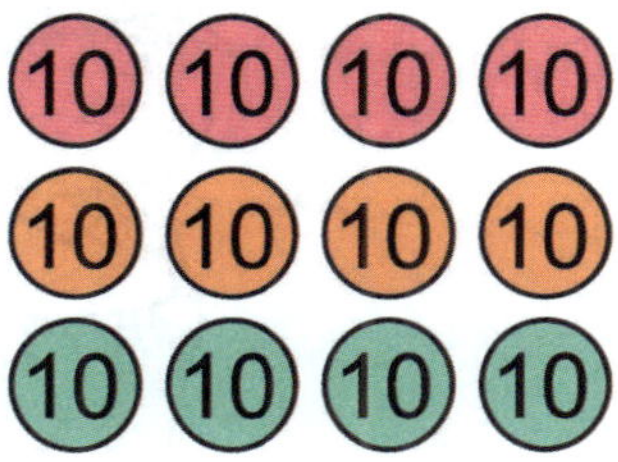

$40 \times 3 =$ ☐

$400 \times 3 =$ ☐

$\begin{array}{r} 4 \\ \times \quad 3 \\ \hline 12 \end{array}$	$\begin{array}{r} 40 \\ \times \quad 3 \\ \hline 120 \end{array}$	$\begin{array}{r} 400 \\ \times \quad 3 \\ \hline 1200 \end{array}$
12 unités	*12 dizaines*	*12 centaines*

1 Calculez.

a 9 x 5   b 90 x 5   c 900 x 5

d 5 x 9   e 50 x 9   f 500 x 9

Cahier d'exercices A, Exercice 21.

2 Multipliez 12 par 4.

$$\begin{array}{r} 12 \\ \times \quad 4 \\ \hline \square \end{array}$$

Dizaines	Unités
10	1 1
10	1 1
10	1 1
10	1 1
10 x 4 = 40	2 x 4 = 8

$$\begin{array}{r} 12 \\ \times \quad 4 \\ \hline 8 \end{array}$$

Multipliez les unités par 4.

$$\begin{array}{r} 12 \\ \times \quad 4 \\ \hline 48 \end{array}$$

Multipliez les dizaines par 4.

3 Multipliez 42 par 3.

40 2 X 3

42
X 3

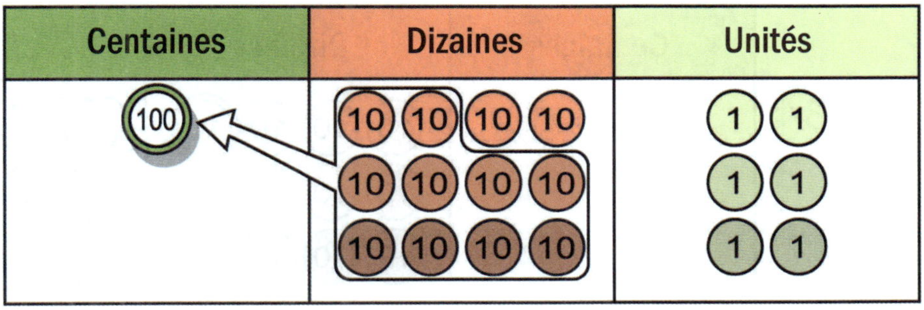

$$\begin{array}{r} 42 \\ \times \quad 3 \\ \hline 6 \end{array}$$

Multipliez les unités par 3.

$$\begin{array}{r} 42 \\ \times \quad 3 \\ \hline 126 \end{array}$$

Multipliez les dizaines par 3.

Cahier d'exercices A, Exercice 22.

4 Multipliez 24 par 3.

20 4 X 3

24
X 3

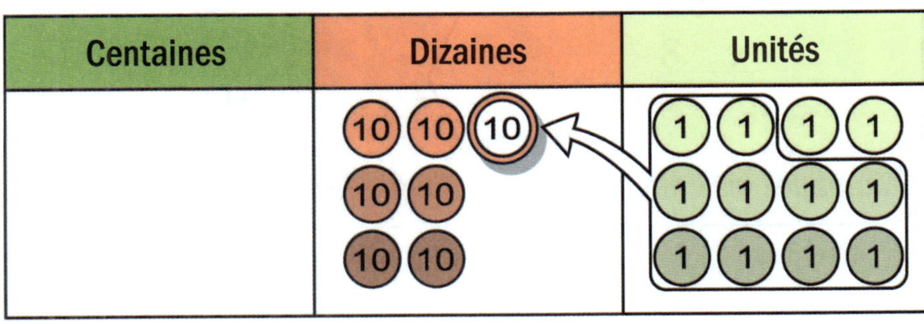

$$\begin{array}{r} {}^{1} \\ 24 \\ \times \quad 3 \\ \hline 2 \end{array}$$

Multipliez les unités par 3.

$$\begin{array}{r} {}^{1} \\ 24 \\ \times \quad 3 \\ \hline 72 \end{array}$$

Multipliez les dizaines par 3.

5 Multipliez 34 par 3.

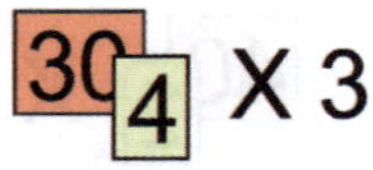

$$\begin{array}{r} 34 \\ \times \quad 3 \\ \hline \end{array}$$

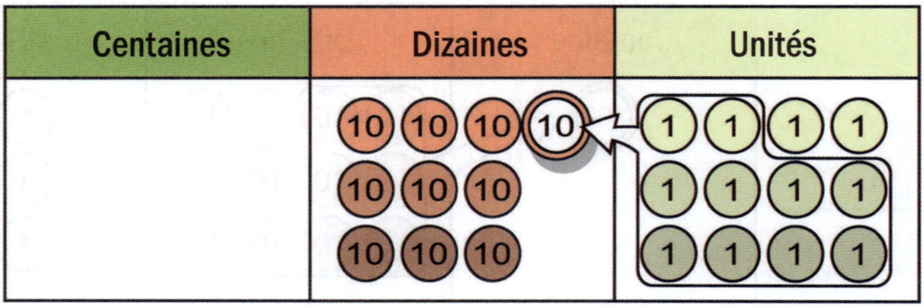

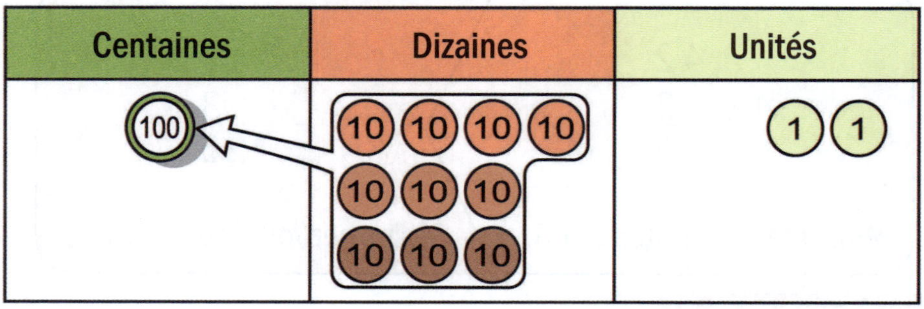

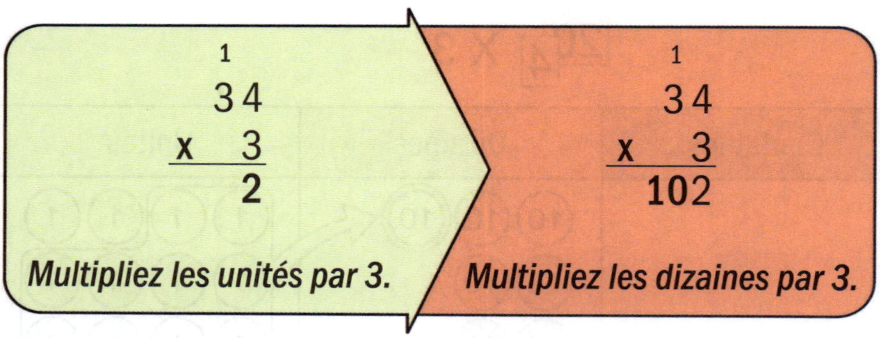

6 Calculez.

a 81 x 2	b 16 x 3	c 3 x 37
d 52 x 4	e 23 x 4	f 5 x 45
g 63 x 3	h 24 x 5	i 4 x 38

Cahier d'exercices A, Exercice 23.

7 Multipliez 3 par 342.

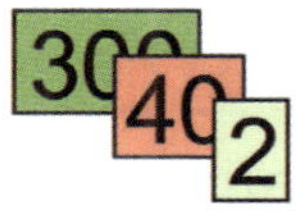

X 3

```
  342
x   3
-----
```

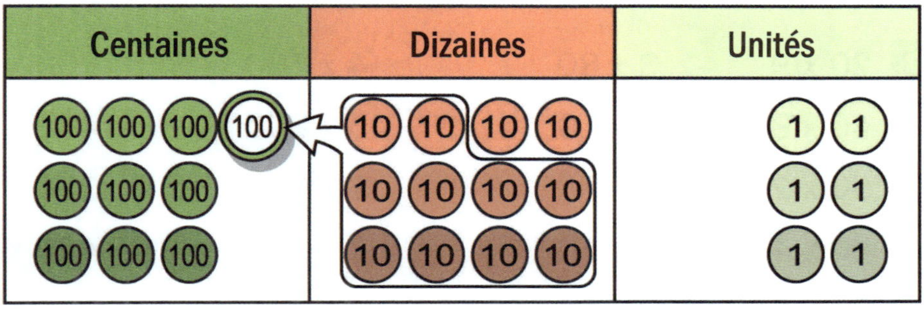


```
  342          1           1
x   3         342         342
-----       x   3       x   3
    6       -----       -----
               26        1026
```

Multipliez les unités par 3.

Multipliez les dizaines par 3.

Multipliez les centaines par 3.

8 Faites le produit de 245 et 3.

```
    1         1 1         1 1
  245         245         245
x   3       x   3       x   3
-----       -----       -----
    5          35         735
```

Multipliez les unités par 3.

Multipliez les dizaines par 3.

Multipliez les centaines par 3.

9 Calculez.

a 214 x 2	**b** 323 x 3	**c** 4 x 231
d 620 x 3	**e** 451 x 2	**f** 3 x 234
g 289 x 3	**h** 704 x 5	**i** 5 x 436

Cahier d'exercices A, Exercice 24.

Exercices 3D

1 Trouvez le résultat des opérations suivantes :

a	20 x 9	3 x 80	4 x 500	200 x 5
b	40 x 9	5 x 10	5 x 800	400 x 4
c	50 x 2	4 x 30	8 x 100	300 x 5
d	60 x 4	6 x 50	6 x 200	400 x 7
e	30 x 8	9 x 20	7 x 400	500 x 4
f	32 x 3	72 x 4	52 x 5	58 x 2
g	2 x 49	4 x 43	3 x 75	5 x 43

2 Résolvez les problèmes suivants :

a Lundi dernier, un libraire a vendu 30 livres.
Mardi, il a vendu 8 fois plus de livres que la veille.
Combien de livres a-t-il vendus mardi ?

b Maeva a 4 rouleaux de pellicule pour son appareil photo.
Chaque rouleau contient 24 photos.
Combien de photos Maeva peut-elle prendre en tout ?

c Sur le toit d'une petite maison, il y a 5 rangées de tuiles et 56 tuiles sur chaque rangée.
Combien de tuiles y a-t-il en tout ?

d Anita a collectionné 76 autocollants.
Élise en a collectionné 3 fois plus qu'Anita.
Combien d'autocollants Élise a-t-elle collectionnés ?

e Daniel a acheté 4 poupées à 38 € pièce.
Combien a-t-il payé en tout ?

Exercices 3E

1 Trouvez le résultat des opérations suivantes :

a	300 x 4	3 x 312	419 x 5	4 x 550
b	901 x 2	3 x 508	625 x 4	5 x 392
c	614 x 5	4 x 432	781 x 5	3 x 623
d	800 x 5	2 x 506	439 x 4	5 x 556
e	249 x 3	5 x 361	968 x 4	2 x 704

2 Résolvez les problèmes suivants :

a Une boîte contient 126 épingles.
Combien d'épingles y a-t-il dans 3 boîtes ?

b Un poste de radio coûte 262 €.
Un poste de télévision coûte 4 fois plus cher qu'un poste de radio.
Combien coûte un poste de télévision ?

c Mme Brun a acheté 3 boîtes de perles.
Il y avait 260 perles dans chaque boîte.
Combien de perles a-t-elle achetées en tout ?

d Un paquet de biscuits pèse 250 g.
Quel est le poids total de 5 paquets de biscuits ?

e Mme Parquet a vendu 680 œufs la semaine dernière.
Cette semaine, elle en a vendu 4 fois plus que la semaine dernière.
Combien d'œufs a-t-elle vendus en tout ?

f Le réfrigérateur coûte 5 fois plus cher que le grille-pain.
Combien coûtent le réfrigérateur et le grille-pain réunis ?

Exercices 3F

1 Trouvez le résultat des opérations suivantes :

a	12 x 2	3 x 14	16 x 5	4 x 18
b	223 x 2	4 x 527	129 x 2	3 x 326
c	252 x 3	4 x 763	372 x 5	3 x 284
d	724 x 2	3 x 105	414 x 4	5 x 120
e	260 x 3	5 x 415	509 x 4	4 x 309

2 Résolvez les problèmes suivants :

a Mme Ménard a fait 280 canapés au thon pour une fête.
Elle a fait 4 fois plus de canapés au poulet que de canapés au thon.
Combien de canapés au poulet a-t-elle faits ?

b Il y a 365 jours dans une année.
Combien y a-t-il de jours dans 3 années ?

c Un pilote fait 105 heures de vol en un mois.
Combien d'heures de vol fera-t-il en 5 mois ?

e Une tablette de chocolats pèse 350 g.
Combien de grammes pèsent
2 tablettes de chocolats ?

f Il y avait 30 gâteaux dans une boîte.
Mme Tellier a acheté 4 boîtes de gâteaux.
Combien a-t-elle payé s'ils ont coûté 3 € pièce ?

g Dans notre classe, il y a 6 rangées de chaises.
Dans la première rangée, il y a 18 chaises.
Il y a 25 chaises dans chacune des 5 autres rangées.
Combien de chaises y a-t-il en tout dans notre classe ?

4 - Quotient et retenue

Tom a 14 figurines d'indiens.
Il les répartit équitablement dans 4 tentes.
Combien d'indiens y a-t-il dans chaque tente ?
Combien d'indiens reste-t-il ?

14 ÷ 4 = 3 reste 2

Il y a ____ indiens dans chaque tente.

Il reste ____ indiens.

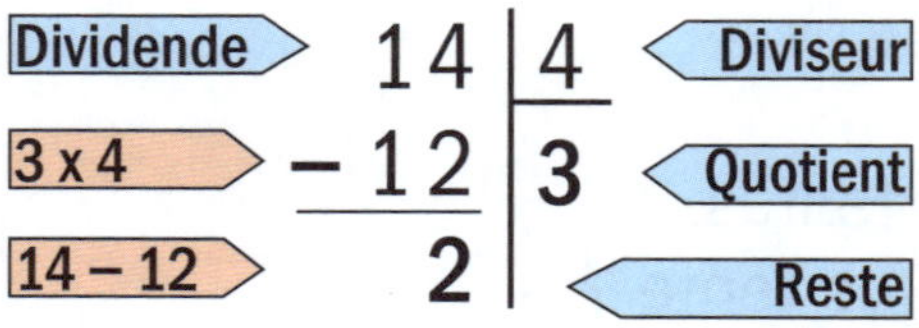

1 Divisez 9 par 2.

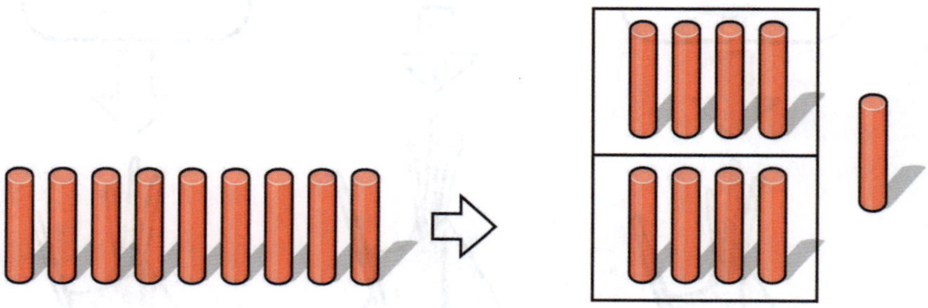

9 ÷ 2 = ▭

2 Divisez 12 par 2.

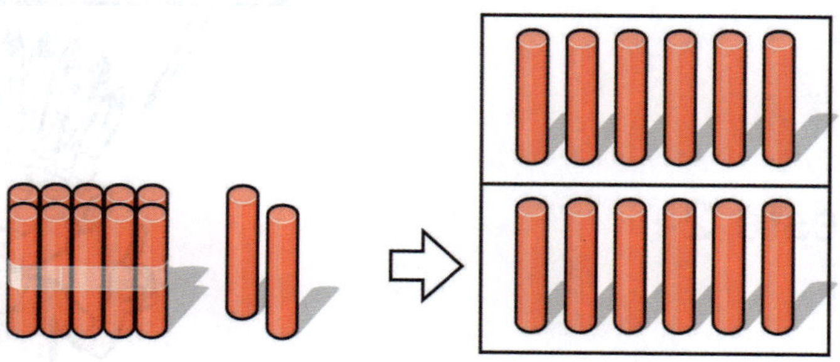

12 ÷ 2 = ▭

3 Divisez 28 par 2.

28 ÷ 2 = ▭

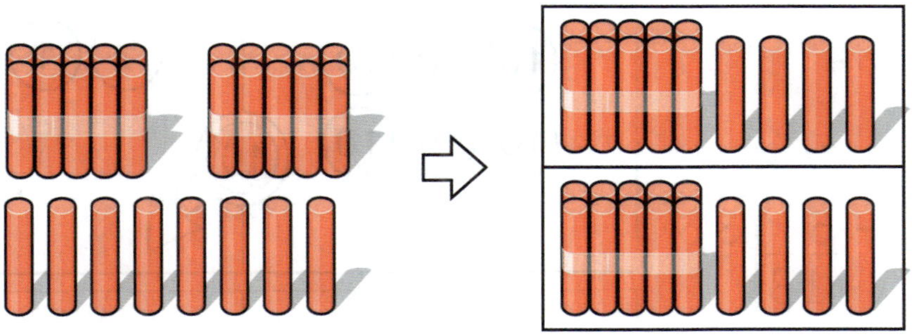

```
28 | 2
-2 |---
-- | 1
 0 |
```

2 dizaines ÷ 2 = 1 dizaine.

```
28 | 2
-2 |----
-- | 14
08 |
- 8|
-- |
 0 |
```

8 unités ÷ 2 = 4 unités.

4 Divisez 34 par 2.

34 ÷ 2 = ▭

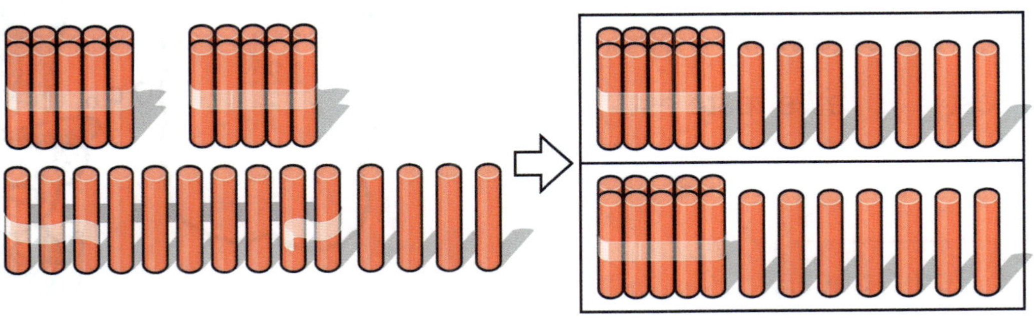

```
34 | 2
-2 |---
-- | 1
 1 |
```

3 dizaines ÷ 2 = 1 dizaine et je retiens 1.

```
 34 | 2
- 2 |----
--- | 17
 14 |
-14 |
--- |
  0 |
```

14 unités ÷ 2 = 7 unités.

5 Divisez 73 par 2.

73 ÷ 2 = ___

```
                 73 | 2
3 x 2 = 6  ->  − 6  |----
                ----| 36
                 13 |
               − 12 |
                ----|
13 − 12 = 1  ->   1 |
```

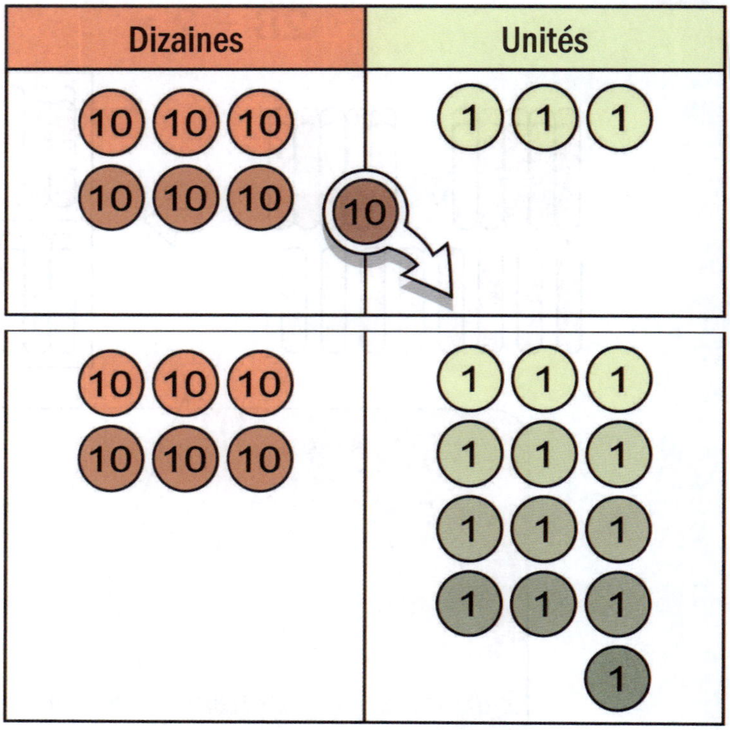

Quand on divise 73 par 2, le **quotient** est ___ et le **reste** est ___.

6 Remarquez.

Les nombres dont le chiffre des unités est **0, 2, 4, 6,** ou **8** sont appelés **nombres pairs.**
Les nombres dont le chiffre des unités est **1, 3, 5, 7,** ou **9** sont appelés **nombres impairs.**

Que remarquez-vous à propos du reste dans les questions suivantes :

1. un nombre pair divisé par 2 ;
2. un nombre impair divisé par 2.

Cahier d'exercices A, Exercice 25.

5 - Diviser des centaines, des dizaines et des unités

$400 \div 2 =$

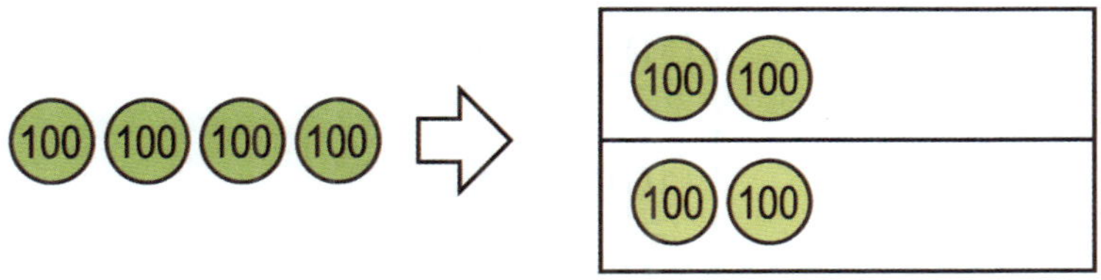

$500 \div 2 =$

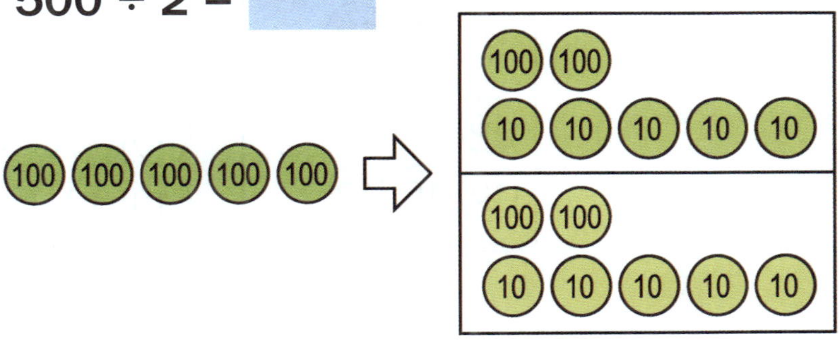

$550 \div 2 =$

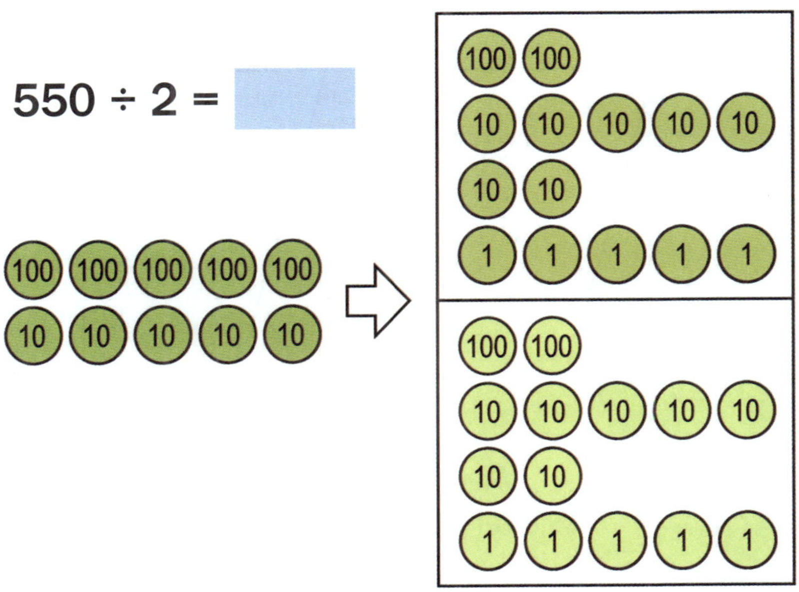

550 | 2

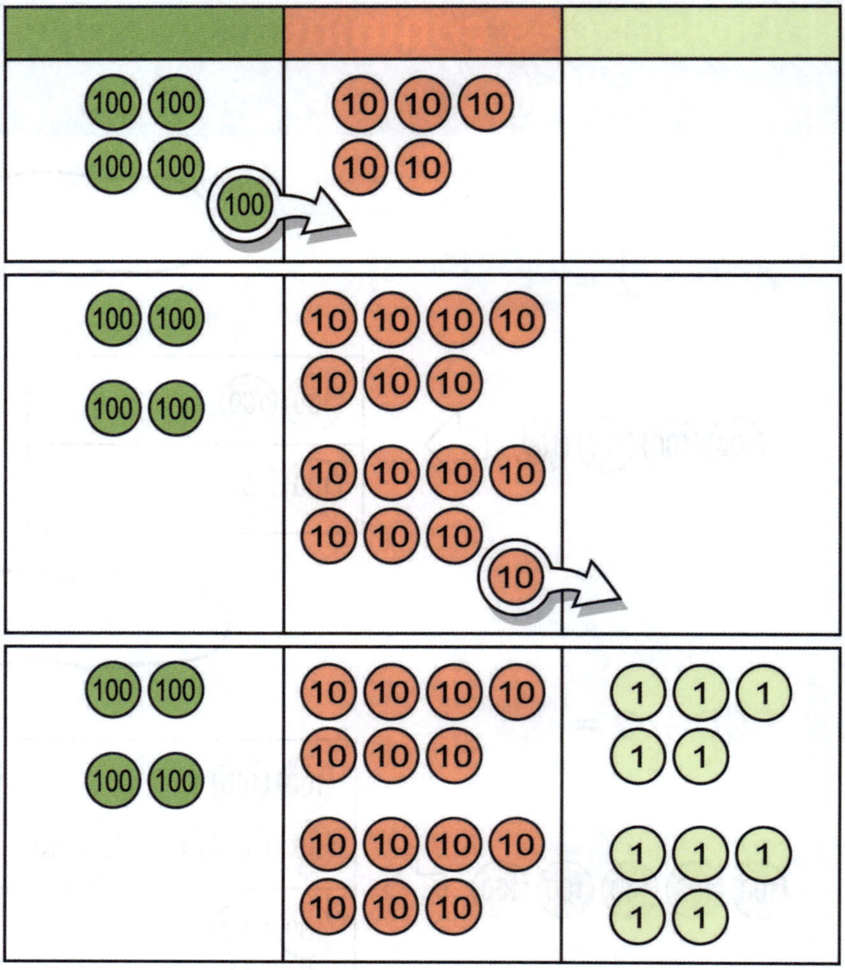

100
10
1

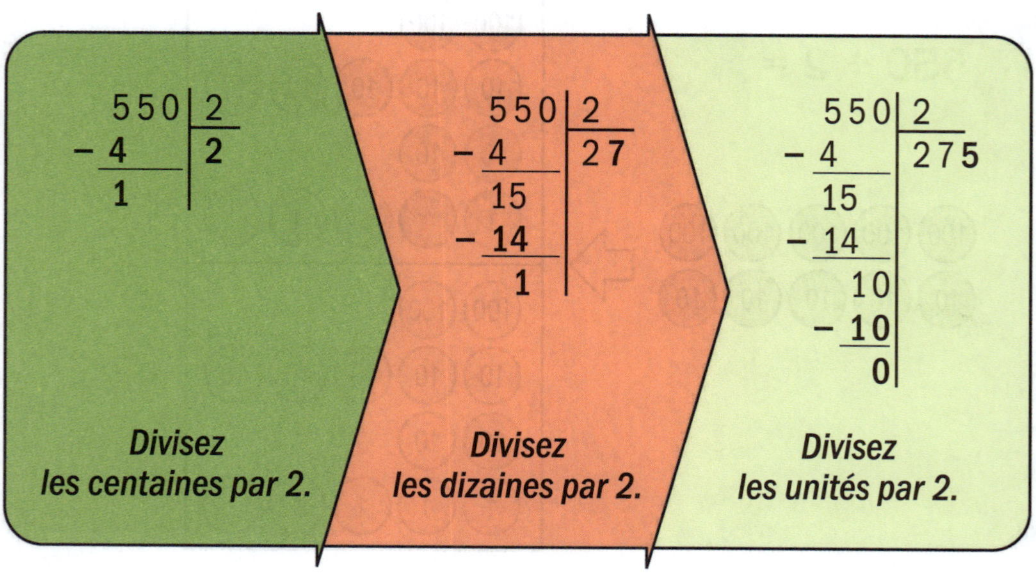

550 | 2
− 4 | 2
1
Divisez
les centaines par 2.
550 | 2
− 4 | 27
15
− 14
1
Divisez
les dizaines par 2.
550 | 2
− 4 | 275
15
− 14
10
− 10
0
Divisez
les unités par 2.

1 Divisez 96 par 4.

$$96 \div 4 =$$

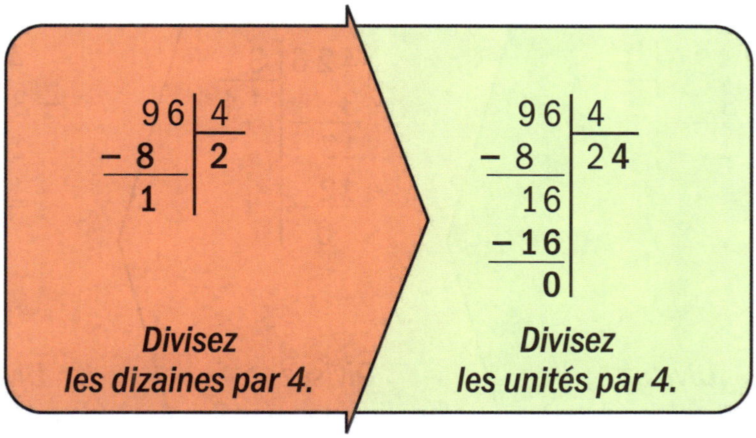

Quand on divise 96 par 4, le quotient est et le reste est .

2 Divisez 80 par 3.

$$80 \div 3 =$$

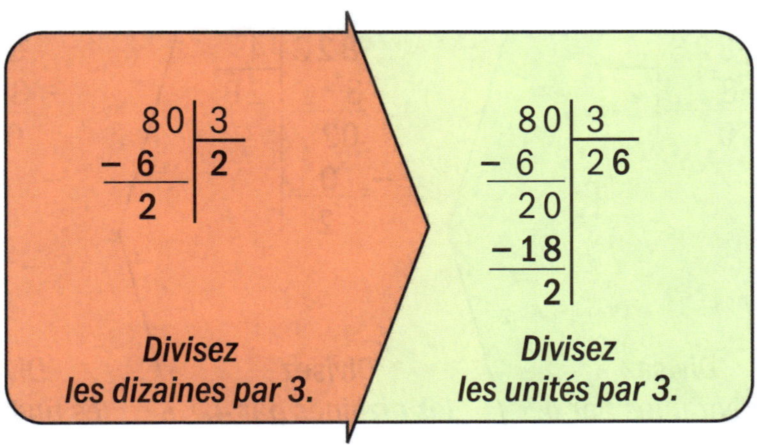

Quand on divise 80 par 3, le quotient est et le reste est .

3 Trouvez le quotient et le reste dans les énoncés suivants :

- **a** $48 \div 2$
- **b** $60 \div 3$
- **c** $54 \div 3$
- **d** $51 \div 4$
- **e** $75 \div 5$
- **f** $67 \div 5$

Cahier d'exercices A, Exercice 26.

4 Divisez 426 par 3.

426 ÷ 3 = ▭

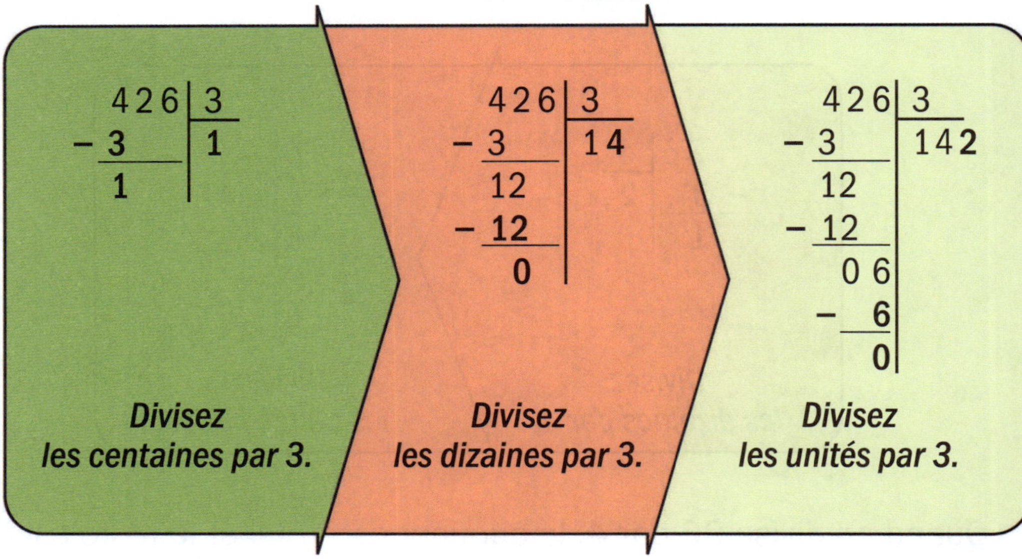

5 Divisez 823 par 4.

823 ÷ 4 = ▭

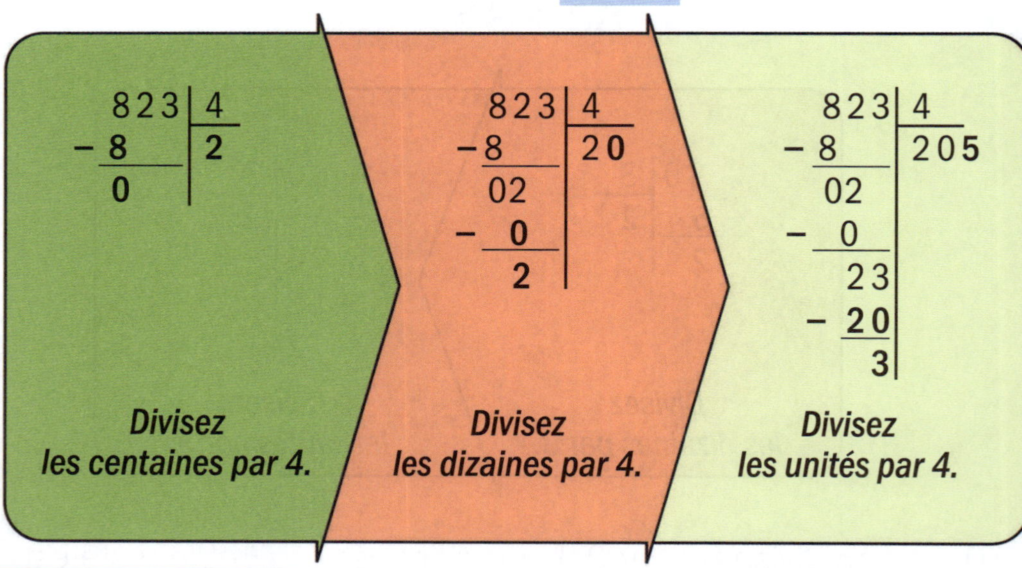

6 Trouvez le quotient et le reste dans les énoncés suivants :

a 352 ÷ 2 **b** 640 ÷ 2 **c** 433 ÷ 5

d 700 ÷ 3 **e** 290 ÷ 4 **f** 105 ÷ 3

g 249 ÷ 4 **h** 374 ÷ 2 **i** 511 ÷ 5

Cahier d'exercices A, Exercice 27.

Exercices 3G

1 Trouvez le résultat des opérations suivantes :

a	12 ÷ 2	58 ÷ 3	76 ÷ 1	76 ÷ 1
b	91 ÷ 4	60 ÷ 4	37 ÷ 3	47 ÷ 3
c	192 ÷ 2	702 ÷ 4	299 ÷ 5	429 ÷ 5
d	600 ÷ 3	853 ÷ 2	330 ÷ 4	501 ÷ 3
e	745 ÷ 5	900 ÷ 4	413 ÷ 3	123 ÷ 4

2 Résolvez les problèmes suivants :

a Nadine a fait 205 biscuits.
Elle les range par boîtes de 4.
Combien de boîtes y a-t-il ?
Combien de biscuits n'ont pas pu être rangés ?

b 5 paquets de café moulu pèsent 750 g.
Combien pèse chaque paquet ?

c Un cuisinier a préparé 316 boulettes de viande pour faire des brochettes.
Il pique 3 boulettes de viande par brochette.
Combien de brochettes de boulettes de viande peut-il faire ?
Combien de boulettes lui restera-t-il ?

d David fabrique des voitures miniatures. Il a 74 pneus.
Puisqu'il a besoin de 4 pneus pour chaque petite voiture, combien peut-il en construire ?
Combien de pneus ne lui serviront pas ?

e Il y avait 30 gâteaux dans une boîte.
Mme Tellier a acheté 4 boîtes de gâteaux.
Combien a-t-elle payé pour les gâteaux s'ils ont coûté 3 € pièce ?

Exercices 3H

1 Trouvez le résultat des opérations suivantes :

a	20 x 5	42 ÷ 2	4 x 51	75 ÷ 3
b	37 x 3	50 ÷ 5	2 x 78	60 ÷ 5
c	312 x 3	123 ÷ 3	5 x 500	408 ÷ 4
d	691 x 2	270 ÷ 4	3 x 607	500 ÷ 3
e	768 x 3	679 ÷ 5	5 x 705	328 ÷ 5

2 Résolvez les problèmes suivants :

a Un berger garde 64 chèvres.
Il garde 5 fois plus de vaches que de chèvres.
Combien de vaches garde-t-il ?

b Marie travaille dans un restaurant 4 heures par jour.
1. Combien d'heures travaille-t-elle en 26 jours ?
1. Si elle reçoit 3 € de pourboire par heure, combien d'argent gagnera-t-elle en 26 jours ?

c 5 philatélistes partagent équitablement 150 timbres suisses et 200 timbres portugais.
Combien de timbres de chaque pays chaque philatéliste reçoit-il ?

d M. Antilogus a rangé 215 oranges dans des filets de 5.
Il a vendu les oranges à 2 € le filet.
Combien d'argent a-t-il gagné ?

e David veut acheter 4 ballons de basket, mais il n'a que 55 €.
Combien lui manque-t-il d'argent ?

Révision A

1 Trouvez le résultat des opérations suivantes :

a	1672 + 298	3984 + 1479	804 + 9196
b	3941 – 296	4732 – 2415	5000 – 4999
c	47 x 3	207 x 5	789 x 4
d	78 ÷ 3	700 ÷ 4	451 ÷ 5

2 Résolvez les problèmes suivants :

a 1628 garçons et 1092 filles ont participé à un concours de dessin.
Combien d'enfants ont-ils participé en tout ?

b Il y avait 4525 billets de concert en vente ce matin.
1909 billets ont été vendus à la fin de la journée.
Combien de billets restait-il à vendre ?

c Il y a 485 litres de pétrole dans un tonneau.
Combien de litres de pétrole y a-t-il dans 4 tonneaux ?

d 1. Un tailleur a acheté 563 m de tissu pour faire des robes.
Il a utilisé 3 m de tissu pour chaque robe.
Combien de robes a-t-il faites ?
Combien restait-il de mètres de tissu ?
2. S'il vend toutes les robes à 5 € pièce,
combien d'argent recevra-t-il ?

e Il y avait 1052 personnes dans un village.
650 d'entre elles ont déménagé dans un nouveau bourg.
Parmi les personnes qui sont restées au village, 226 sont des adultes.
Combien d'entre elles sont des enfants ?

f Suzie a 240 €.
Monique a 3 fois plus d'argent que Suzie.
Combien ont-elles d'argent en tout ?

Chapitre 4

Les tables de multiplication de 6, 7, 8 et 9

1 - Révision

1 x 1	1 x 2	1 x 3	1 x 4	1 x 5
2 x 1	2 x 2	2 x 3	2 x 4	2 x 5
3 x 1	3 x 2	3 x 3	3 x 4	3 x 5
4 x 1	4 x 2	4 x 3	4 x 4	4 x 5
5 x 1	5 x 2	5 x 3	5 x 4	5 x 5
6 x 1	6 x 2	6 x 3	6 x 4	6 x 5
7 x 1	7 x 2	7 x 3	7 x 4	7 x 5
8 x 1	8 x 2	8 x 3	8 x 4	8 x 5
9 x 1	9 x 2	9 x 3	9 x 4	9 x 5
10 x 1	10 x 2	10 x 3	10 x 4	10 x 5

Piochez une carte et donnez la réponse.

Fabriquez les cartes :
sur le recto, écrivez une multiplication, et sur le verso son résultat.

recto		verso
2 x 5	→	10

1 x 6	1 x 7	1 x 8	1 x 9	1 x 10
2 x 6	2 x 7	2 x 8	2 x 9	2 x 10
3 x 6	3 x 7	3 x 8	3 x 9	3 x 10
4 x 6	4 x 7	4 x 8	4 x 9	4 x 10
5 x 6	5 x 7	5 x 8	5 x 9	5 x 10
6 x 6	6 x 7	6 x 8	6 x 9	6 x 10
7 x 6	7 x 7	7 x 8	7 x 9	7 x 10
8 x 6	8 x 7	8 x 8	8 x 9	8 x 10
9 x 6	9 x 7	9 x 8	9 x 9	9 x 10
10 x 6	10 x 7	10 x 8	10 x 9	10 x 10

Jouez avec vos amis : piochez une carte au hasard et essayez de trouver le bon résultat.

Cahier d'exercices A, Exercice 28.

2 - Multiplier et diviser par 6

?

3 x 6 = ▭

?

30 ÷ 6 = ▭

1 Calculez.

a

4 x 6 =

b

5 x 6 =

6 x 5 =

2 Calculez.

a

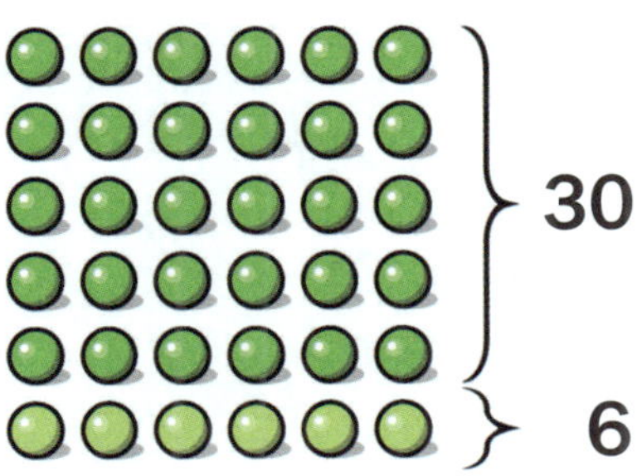

6 x 5 = 30

6 x 6 =

b

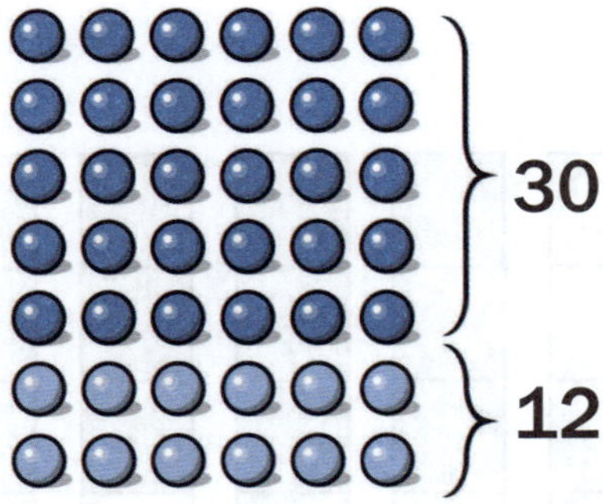

6 x 5 = 30

6 x 2 = 12

6 x 7 =

c

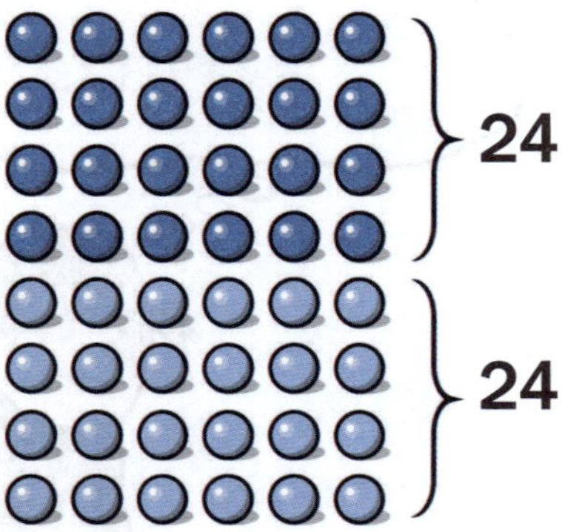

6 x 4 = 24

6 x 8 =

d

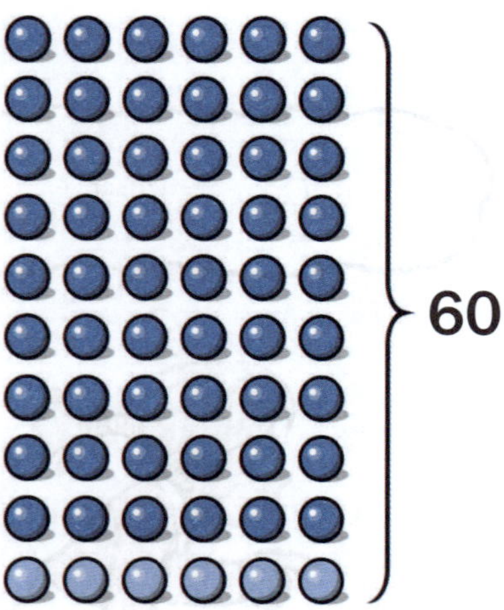

6 x 10 = 60

6 x 9 =

3 Complétez les phrases mathématiques suivantes :

1 x 6 = 6	6 x 1 =
2 x 6 = 12	6 x 2 =
3 x 6 = 18	6 x 3 =
4 x 6 = 24	6 x 4 =
5 x 6 = 30	6 x 5 =
6 x 6 =	6 x 6 =
7 x 6 =	6 x 7 =
8 x 6 =	6 x 8 =
9 x 6 =	6 x 9 =
10 x 6 = 60	6 x 10 = 60

Cahier d'exercices A, Exercice 29.

4 Quels sont les nombres manquants ?

x 4 = 28 4 x = 28	28 ÷ 4 =
x 3 = 30 3 x = 30	30 ÷ 3 =
x 5 = 35 5 x = 35	35 ÷ 5 =
x 10 = 40 10 x = 40	40 ÷ 10 =

Cahier d'exercices A, Exercice 30.

5 Multipliez 285 par 6.

$$\begin{array}{r} 285 \\ \times \quad 6 \\ \hline \square \end{array}$$

$$\begin{array}{r} {}^{3}\quad \\ 285 \\ \times \quad 6 \\ \hline 0 \end{array} \rightarrow \begin{array}{r} {}^{5\ 3}\quad \\ 285 \\ \times \quad 6 \\ \hline 10 \end{array} \rightarrow \begin{array}{r} {}^{5\ 3}\quad \\ 285 \\ \times \quad 6 \\ \hline 1\,710 \end{array}$$

Quand on multiplie 285 par 6, le produit est ☐.

6 Trouvez le produit de :

a **34** et **6** **b** **57** et **6** **c** **6** et **69**

d **108** et **6** **e** **472** et **6** **f** **6** et **910**

Cahier d'exercices A, Exercice 31.

7 Divisez 325 par 6.

325 | 6
 | ☐

325	6
− 30	5
2	

→

325	6
− 30	54
25	
− 24	
1	

Quand on divise 325 par 6, le quotient est ☐

et le reste est ☐.

8 Trouvez le quotient et le reste pour chacun des énoncés suivants :

a **96 ÷ 6** **b** **89 ÷ 6** **c** **75 ÷ 6**

d **342 ÷ 6** **e** **708 ÷ 6** **f** **615 ÷ 6**

Cahier d'exercices A, Exercices 32 et 33.

Exercices 4A

1 Trouvez le résultat des opérations suivantes :

a	6 x 3	6 x 4	7 x 6
b	48 x 6	24 ÷ 6	42 ÷ 6
c	43 x 6	94 x 6	6 x 57
d	80 ÷ 6	405 ÷ 6	562 ÷ 6

2 Trouvez les nombres manquants :

a 6 x ☐ = 36

b ☐ x 4 = 24

c 6 x ☐ = 42

d ☐ x 6 = 60

3 Résolvez les problèmes suivants :

a Il y a 6 crabes dans 1 panier.
Combien de crabes y a-t-il dans 14 paniers ?

b 6 classes se partagent 84 ballons équitablement.
Combien de ballons chaque classe obtient-elle ?

c Chloé gagne 85 € par semaine en faisant du baby-sitting.
Combien d'argent gagne-t-elle en 6 semaines ?

d Étienne a rangé 192 livres par piles de 6.
Combien de piles de livres y avait-il ?

e Le tailleur a acheté 6 m de tissu pour 84 €.
Trouvez combien coûtent 5 m de tissu.

f M. Antilogus a acheté 6 kilos d'asperges.
Un kilo d'asperges coûte 6 €.
Combien a-t-il payé ?

3 - Multiplier et diviser par 7

Gaston, le pâtissier, a dessiné ce tableau pour l'aider à compter son argent.

Nombre de gâteaux	1	2	3	4	5
Prix	7 €	14 €	21 €	28 €	35 €

a Hélène a acheté 2 gâteaux. Combien a-t-elle payé ?

b Mme Blanc a commandé 4 gâteaux pour une fête.
Combien a-t-elle payé ?

c David a payé 35 €.
Combien de gâteaux M. Gaston lui a-t-il donnés ?

d Combien de gâteaux M. Antilogus pourrait-il acheter avec 42 € ?

1 Calculez.

a

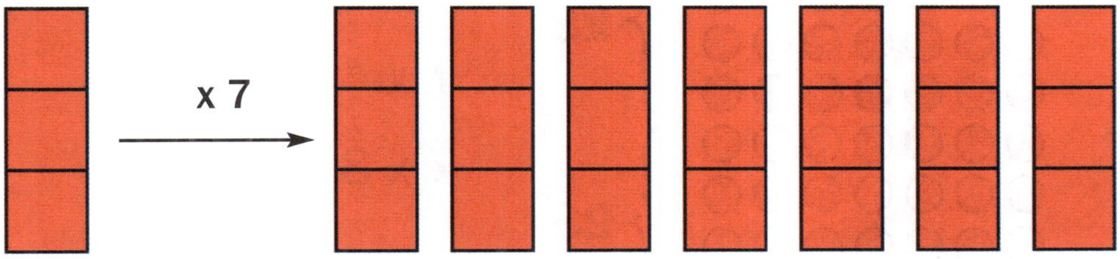

3 x 7 = ___

b

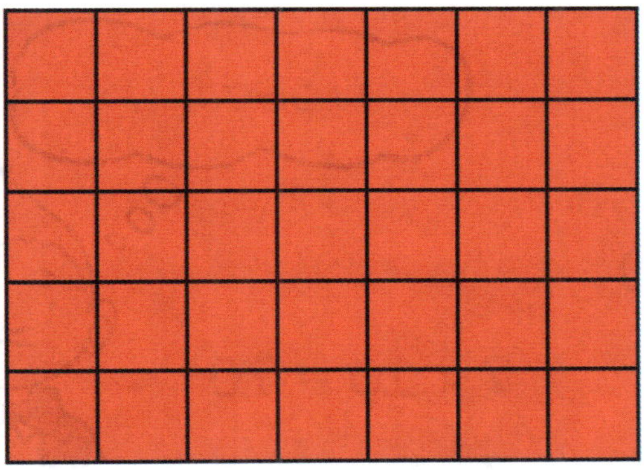

5 x 7 = ___

7 x 5 = ___

2 Calculez.

a

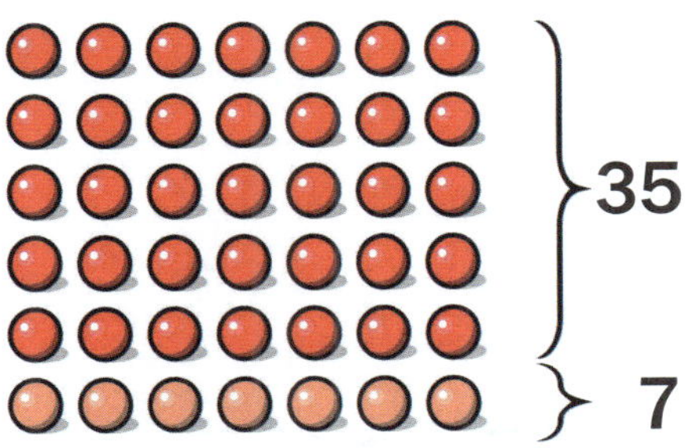

7 x 5 = 35

7 x 6 = ___

b

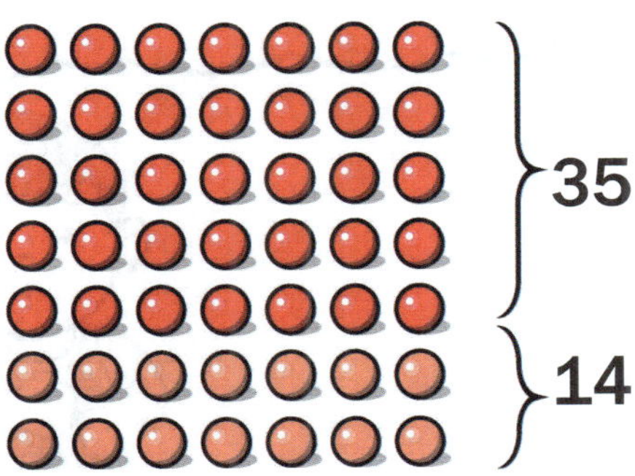

7 x 5 = 35

7 x 2 = 14

7 x 7 = ___

c

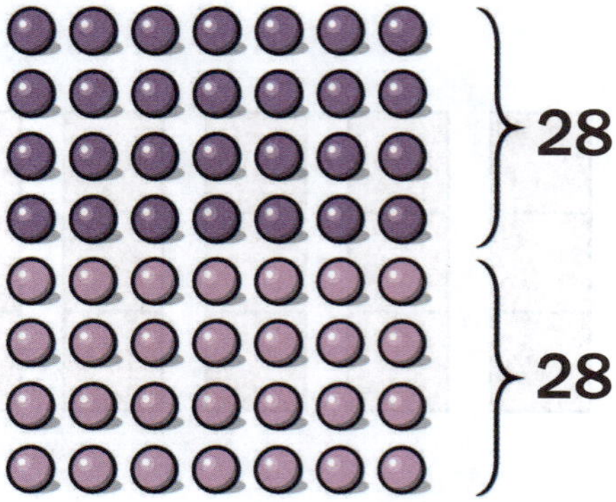

7 x 4 = 28

7 x 8 =

d

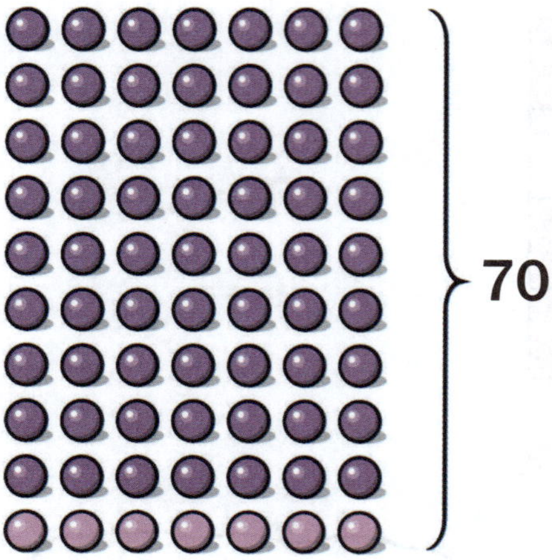

7 x 10 = 70

7 x 9 =

3 Répondez aux questions suivantes :

JUIN 2009						
L	M	M	J	V	S	D
1	2	3	4	5	6	7
8	9	10	11	12	13	14
15	16	17	18	19	20	21
22	23	24	25	26	27	28
29	30					

Il y a jours dans 2 semaines.

Il y a jours dans 4 semaines.

Il y a jours dans 10 semaines.

4 Complétez les phrases mathématiques suivantes :

1 x 7 = 7	7 x 1 = ☐
2 x 7 = 14	7 x 2 = ☐
3 x 7 = 21	7 x 3 = ☐
4 x 7 = ☐	7 x 4 = ☐
5 x 7 = ☐	7 x 5 = ☐
6 x 7 = ☐	7 x 6 = ☐
7 x 7 = ☐	7 x 7 = ☐
8 x 7 = ☐	7 x 8 = ☐
9 x 7 = ☐	7 x 9 = ☐
10 x 7 = ☐	7 x 10 = ☐

5 Calculez.

a 6 x 7 **b** 7 x 7 **c** 7 x 9

d 56 ÷ 7 **e** 70 ÷ 7 **f** 21 ÷ 7

Cahier d'exercices A, Exercice 34.

6 Multipliez.

a 56 x 7 **b** 63 x 7 **c** 7 x 71

d 920 x 7 **e** 804 x 7 **f** 7 x 218

Cahier d'exercices A, Exercice 35.

7 Divisez.

a 75 ÷ 7 **b** 84 ÷ 7 **c** 64 ÷ 7

d 91 ÷ 7 **e** 98 ÷ 7 **f** 80 ÷ 7

g 108 ÷ 7 **h** 231 ÷ 7 **i** 682 ÷ 7

j 730 ÷ 7 **k** 954 ÷ 7 **l** 705 ÷ 7

Cahier d'exercices A, Exercices 36 et 37.

Exercices 4B

1 Trouvez le résultat des opérations suivantes :

a	4 x 7	5 x 7	7 x 3	9 x 7
b	28 ÷ 7	42 ÷ 7	21 ÷ 7	63 ÷ 7
c	7 x 40	608 x 7	5 x 800	930 ÷ 7
d	95 ÷ 7	540 x 4	714 ÷ 7	805 ÷ 7

2 Résolvez les problèmes suivants :

a Pour faire un gâteau, un pâtissier a besoin de 7 œufs.
Il a 150 œufs.
1. Combien de gâteaux peut-il faire ?
2. Combien lui restera-t-il d'œufs ?

b Il y a 7 jours dans une semaine.
Combien de jours y a-t-il dans 52 semaines ?

c M. Legrand est 7 fois plus vieux
que son petit-fils.
Il a 63 ans.
Quel âge a son petit-fils ?

d 1 kilo de crevettes coûte 26 €.
Mme Tsonga a acheté 7 kilos de crevettes.
Combien a-t-elle payé ?

e M. Antilogus a dépensé 84 € pour acheter 7 polos.
Combien coûtait 1 polo ?

f Mme Nemo a rangé 112 citrons par sacs de 7.
Elle a vendu tous les citrons à 3 € le sac.
Combien d'argent a-t-elle eu en échange ?

g Une veste coûte 7 fois plus cher qu'un gilet.
Si le gilet coûte 26 €, combien coûtent la veste et le gilet ?

Exercices 4C

1 Trouvez le résultat des opérations suivantes :

a	6 x 6	7 x 8	6 x 10	7 x 7
b	36 ÷ 6	42 ÷ 6	60 ÷ 7	49 ÷ 7
c	67 x 7	0 x 7	10 x 1	513 ÷ 7
d	304 ÷ 6	0 ÷ 7	10 ÷ 10	847 ÷ 7

2 Résolvez les problèmes suivants :

a Leila a un bout de corde de 161 cm de long.
Elle le découpe en 7 sections égales.
Quelle est la longueur de chaque section ?

b M. Antilogus a acheté 28 kilos de pommes.
Combien a-t-il payé ?

c Un pâtissier a acheté 84 œufs pour faire des gâteaux.
Il utilise 6 œufs par gâteau.
Combien de gâteaux peut-il faire ?

d 6 enfants se partagent équitablement 3 paquets de biscuits.
Chaque paquet contient 48 biscuits.
Combien de biscuits chaque enfant a-t-il reçus ?

e 7 boîtes de crayons bleus et de crayons rouges sont posées sur la table.
Il y a 12 crayons dans chaque boîte.
S'il y a 36 crayons rouges, combien de crayons bleus y a-t-il ?

f Le tailleur achète 35 m de tissu à 6 € le mètre.
Il lui restait encore 25 € après avoir payé le tissu.
Combien d'argent avait-il au départ ?

4 - Multiplier et diviser par 8

x 2 → x 2 →

1 x 2 = 2	1 x 4 = 4	1 x 8 = 8
2 x 2 = 4	2 x 4 = 8	2 x 8 = 16
3 x 2 = 6	3 x 4 = 12	3 x 8 = 24
4 x 2 = 8	4 x 4 = 16	4 x 8 = 32
5 x 2 = 10	5 x 4 = 20	5 x 8 = 40
6 x 2 = 12	6 x 4 = 24	6 x 8 = 48
7 x 2 = 14	7 x 4 = 28	7 x 8 = 56
8 x 2 = 16	8 x 4 = 32	8 x 8 =
9 x 2 = 18	9 x 4 = 36	9 x 8 =
10 x 2 = 20	10 x 4 = 40	10 x 8 = 80

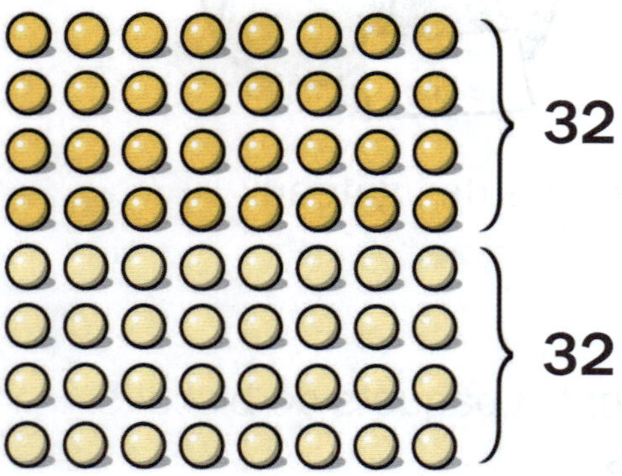

8 x 4 = 32

8 x 8 =

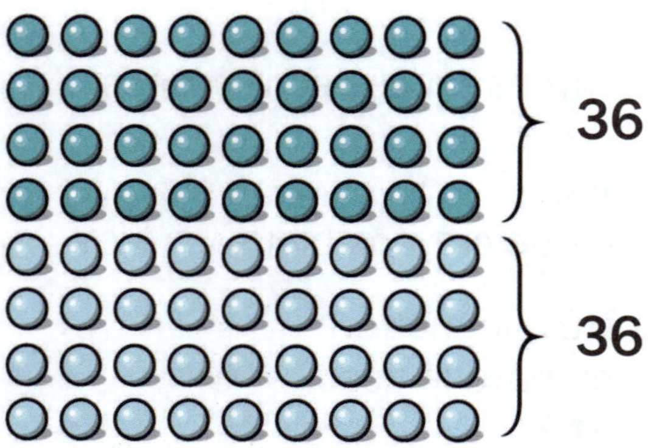

9 x 4 = 36

9 x 8 =

1 Une pieuvre a 8 tentacules.

Nombre de pieuvres	2	4		8		
Nombre de tentacules	16		56		72	80

2 Multipliez.

a 3 x 8
b 5 x 8
c 8 x 8
d 8 x 4
e 8 x 7
f 8 x 9
g 56 x 8
h 79 x 8
i 8 x 68
j 418 x 8
k 305 x 8
l 8 x 620

3 Divisez.

a 80 ÷ 8
b 48 ÷ 8
c 24 ÷ 8
d 72 ÷ 8
e 56 ÷ 8
f 40 ÷ 8

Cahier d'exercices A, Exercices 38 et 39.

4 Divisez.

a 98 ÷ 8
b 112 ÷ 8
c 807 ÷ 8
d 305 ÷ 8
e 664 ÷ 8
f 960 ÷ 8

Cahier d'exercices A, Exercices 40 et 41.

Exercices 4D

1 Trouvez le résultat des opérations suivantes :

a	8 x 3	6 x 8	10 x 8	8 x 8
b	24 ÷ 8	56 ÷ 8	80 ÷ 8	64 ÷ 4
c	43 x 8	97 x 8	8 x 262	874 x 8
d	120 ÷ 8	579 ÷ 8	745 ÷ 8	832 ÷ 8

2 Trouvez les nombres manquants :

a 8 x ▢ = 32

b ▢ x 8 = 48

c 8 x ▢ = 64

d ▢ x 8 = 72

3 Résolvez les problèmes suivants :

a Dans un dîner, les invités sont répartis sur 36 tables.
Il y a 8 invités par table.
Combien y a-t-il d'invités en tout ?

b Un seau peut contenir 18 litres.
8 seaux peuvent remplir un réservoir.
Combien de litres le réservoir peut-il contenir ?

c Mme Miam a préparé 390 tartes.
Elle les range dans des cartons contenant 8 tartes chacun.
1. Combien de cartons avait-elle ?
2. Combien de tartes n'ont pas pu être rangées ?

d Un jardinier a acheté 12 arrosoirs à 8 € pièce.
Il a donné au vendeur 100 €. Combien de monnaie a-t-il reçu ?

e M. Antilogus a acheté un réfrigérateur.
Il a payé 245 € le premier mois puis 103 € par mois pendant 8 mois.
Quel était le prix du réfrigérateur ?

Exercices 4E

1 Trouvez le résultat des opérations suivantes :

a	6 x 7	7 x 8	8 x 10	8 x 9
b	24 ÷ 8	56 ÷ 7	48 ÷ 8	72 ÷ 8
c	43 x 8	1 x 8	0 x 8	150 x 8
d	943 ÷ 8	8 ÷ 1	0 ÷ 8	872 ÷ 6

2 Résolvez les problèmes suivants :

a Un épicier s'est fait livrer 145 kilos de sucre.
Il range ce sucre dans des sacs de 6 kilos chacun.
1. Combien de sacs a-t-il remplis?
2. Combien de kilos de sucre reste-t-il ?

b M. Antilogus veut acheter des parapluies.
Un parapluie coûte 7 €.
Combien de parapluies

c Il y a 120 pages dans un cahier d'exercices.
Combien de pages y a-t-il dans 8 cahiers d'exercices ?

d Mme Tsonga veut acheter 6 chaises qui coûtent 28 € pièce.
Mais elle n'a que 100 €.
Combien d'argent lui manque-t-il ?

e 8 amis partent au bord de la mer.
Ils louent un bateau pour une durée de 6 heures.
Ils partagent le coût de la location équitablement.
Combien chacun paye-t-il ?

5 - Multiplier et diviser par 9

1 x 10 = 10	1 x 9 = 9	10 – 1
2 x 10 = 20	2 x 9 = 18	20 – 2
3 x 10 = 30	3 x 9 = 27	30 – 3
4 x 10 = 40	4 x 9 = 36	40 – 4
5 x 10 = 50	5 x 9 = 45	50 – 5
6 x 10 = 60	6 x 9 = 54	60 – 6
7 x 10 = 70	7 x 9 = 63	70 – 7
8 x 10 = 80	8 x 9 =	80 – 8
9 x 10 = 90	9 x 9 =	90 – 9
10 x 10 = 100	10 x 9 = 90	100 – 10

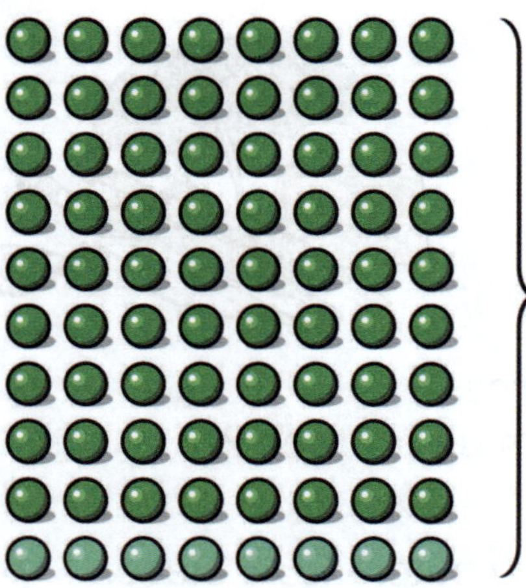

80

8 x 10 = 80

8 x 9 =

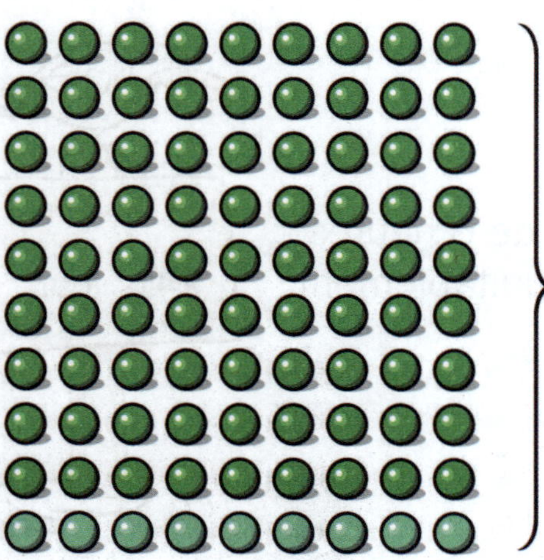

90

9 x 10 = 90

9 x 9 =

1 Additionnez les chiffres des dizaines et les chiffres des unités de chaque produit.

1 x 9 = 9	9 x 1 = 9
2 x 9 = 18	9 x 2 = 18
3 x 9 = 27	9 x 3 = 27
4 x 9 = 36	9 x 4 = 36
5 x 9 = 45	9 x 5 = 45
6 x 9 = 54	9 x 6 = 54
7 x 9 = 63	9 x 7 = 63
8 x 9 = 72	9 x 8 = 72
9 x 9 = 81	9 x 9 = 81
10 x 9 = 90	9 x 10 = 90

La réponse est ☐.

2 Voici une astuce pour multiplier par **9**.

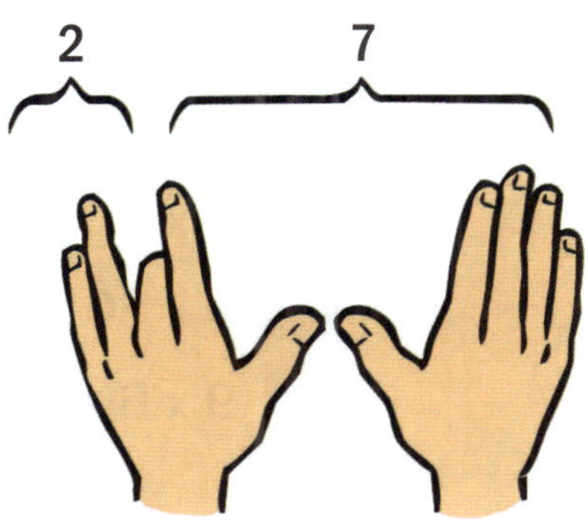

3 x 9 = 27

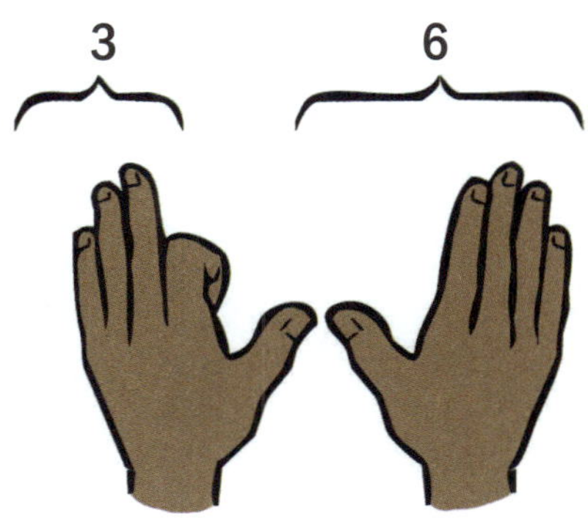

4 x 9 = 36

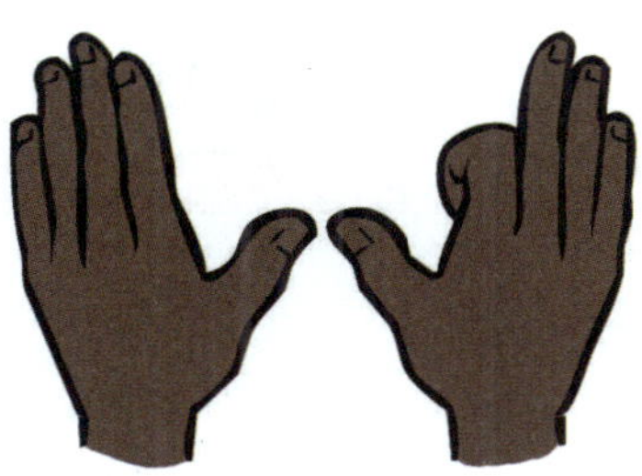

7 x 9 = ☐

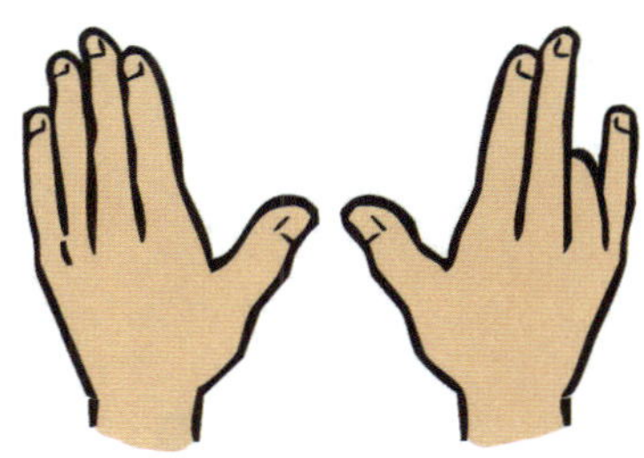

9 x 9 = ☐

3 Calculez.

a

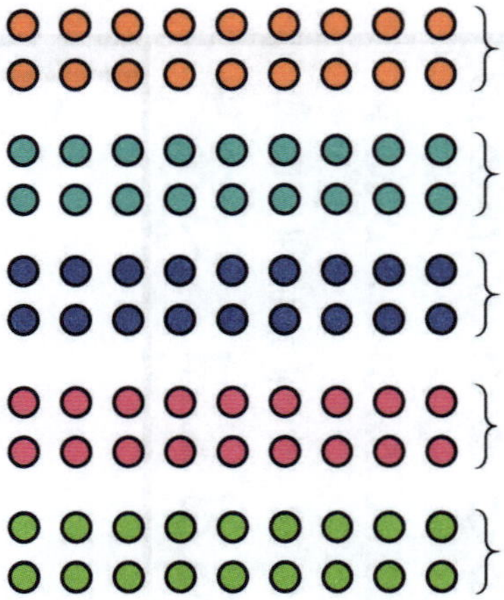

18 — $9 \times 2 = 18$

18 — $9 \times 4 = 18 \times$ ☐

18 — $9 \times 6 = 18 \times$ ☐

18 — $9 \times 8 = 18 \times$ ☐

18 — $9 \times 10 = 18 \times$ ☐

b

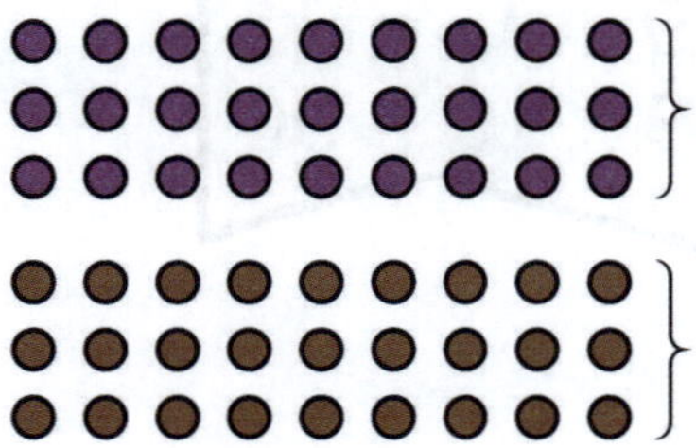

27 — $9 \times 3 = 27$

27 — $9 \times 6 = 27 \times$ ☐

4 Multipliez.

a 2 x 9	**b** 4 x 9	**c** 9 x 3
d 8 x 9	**e** 9 x 9	**f** 9 x 7
g 54 x 9	**h** 73 x 9	**i** 9 x 80
j 201 x 9	**k** 678 x 9	**l** 9 x 609

5 Divisez.

a 90 ÷ 9	**b** 63 ÷ 9	**c** 45 ÷ 9
d 54 ÷ 9	**e** 72 ÷ 9	**f** 81 ÷ 9

Cahier d'exercices A, Exercices 42 et 43.

6 Divisez.

a 97 ÷ 9	**b** 108 ÷ 9	**c** 89 ÷ 9
d 620 ÷ 9	**e** 903 ÷ 9	**f** 145 ÷ 9

Cahier d'exercices A, Exercices 44 et 45.

Exercices 4F

1 Trouvez le résultat des opérations suivantes :

a	3 x 9	9 x 4	9 x 5	9 x 9
b	27 ÷ 9	36 ÷ 9	45 ÷ 9	81 ÷ 9
c	36 x 9	9 x 400	657 x 9	198 x 9
d	954 ÷ 9	563 ÷ 9	790 ÷ 9	823 ÷ 9

2 Résolvez les problèmes suivants :

a Pierre a acheté 9 cordes mesurant chacune 18 m de long.
Combien de mètres de corde a-t-il achetés ?

b 25 scouts partent camper.
Chaque scout emporte 9 boîtes de conserve.
Combien de boîtes de conserve la troupe a-t-elle emportées en tout ?

c David achète 9 tee-shirts pour 144 €.
Combien coûte 1 tee-shirt ?

d L'électricien coupe 918 m de câble en tronçons.
Chaque tronçon fait 9 m de long.
Combien de tronçons l'électricien peut-il découper ?

e Hassan consomme 185 litres d'essence par mois.
Combien d'essence consomme-t-il en 9 mois ?

f Un tailleur achète 9 paquets de boutons.
Il y a 120 boutons dans chaque paquet.
Il a besoin de 8 boutons pour confectionner une robe.
Combien de robes peut-il faire en se servant de tous les boutons ?

Exercices 4G

1 Trouvez le résultat des opérations suivantes :

a	9 x 9	7 x 10	8 x 8	6 x 6
b	54 ÷ 6	70 ÷ 7	64 ÷ 8	36 ÷ 6
c	69 x 8	1 x 9	0 x 9	901 x 6
d	581 ÷ 9	9 ÷ 1	0 ÷ 9	749 ÷ 7

2 Résolvez les problèmes suivants :

a Mme Nemo donne 7 € à chacun de ses enfants et elle dépense en tout 28 €.
Combien d'enfants Mme Nemo a-t-elle ?

b Un réservoir peut contenir 126 litres.
Un seau peut contenir 9 litres.
Combien de seaux d'eau faut-il pour remplir le réservoir ?

c Lucile travaille 7 jours.
Elle est payée 36 € par jour.
Combien d'argent gagne-t-elle ?

d Un fleuriste expose 136 roses dans son magasin.
Il expose 6 fois plus de tulipes que de roses.
Combien de tulipes expose-t-il dans son magasin ?

e Le marchand de légumes range 112 tomates, mais 8 d'entre elles sont pourries.
Il range les bonnes tomates par sachets de 8 et met de côté les tomates pourries.
Combien de sachets de tomates a-t-il remplis ?

f Il y a 8 timbres dans un carnet de timbres.
Simon achète 120 carnets de timbres.
Après en avoir vendu quelques-uns, il lui reste 680 timbres.
Combien de timbres a-t-il vendus ?

Chapitre 5

L'argent

1 - Les euros et les centimes

Lisez le prix de ces objets.

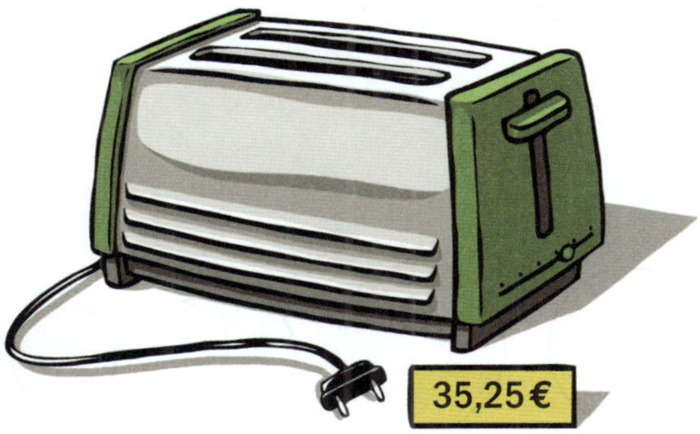

35,25 € = ____ euros et ____ centimes.

67,25 € = ____ euros et ____ centimes.

75,40 € = ____ euros et ____ centimes.

32,75 € = ____ euros et ____ centimes.

1 Combien d'argent y a-t-il ?

a

☐ euros et ☐ centimes = ☐ €

b

☐ euros et ☐ centimes = ☐ €

2 Écrivez 1,25 € en centimes.

1,25 € = ☐ centimes.

3 Écrivez les prix en centimes.

a **0,30 €** **b** **1,95 €** **c** **4,05 €**

4 Écrivez les prix en euros et en centimes.

a **85 c** **b** **160 c** **c** **345 c**

5 Combien d'argent faut-il en plus pour atteindre 1€ ?

a **0,70 € +** ☐ **€ = 1 €** **b** **0,55 € +** ☐ **€ = 1 €**

Cahier d'exercices A, Exercice 46.

Exercices 5A

1 Écrivez en centimes.

a 0,20 € **b** 0,65 € **c** 7,00 €

d 2,05 € **e** 5,60 € **f** 3,95 €

2 Écrivez les prix en euros.

a 5 c **b** 60 c **c** 400 c

d 210 c **e** 855 c **f** 305 c

3 Calculez l'argent qu'il manque :

a 30 c + ____ = 1 € **b** ____ + 45 c = 1 €

c 0,40 € + ____ = 1 € **d** ____ +0,65 € = 1 €

4 Combien d'argent y a-t-il ?

a

6 pièces de 20 centimes = ____ €

b

12 pièces de 5 centimes = ____ €

c Lily a 6 pièces de 20 centimes et 12 pièces de 5 centimes.
Combien d'argent a-t-elle en tout ?

d Une tirelire contient 2 pièces de 5 centimes,
3 pièces de 20 centimes et 4 pièces de 1 euro.
Combien d'argent la tirelire contient elle en tout ?

2 - L’addition

Mme Miam achète une boîte de chocolats à 13,25 €
et un gâteau à 6,50 €.
Combien dépense-t-elle en tout ?

Coût des chocolats

Coût du gâteau

Coût total des chocolats et du gâteau.

13,25 € + 6,50 € = ______ €

En tout, Mme Miam a dépensé ______ €.

1 Calculez.

a 1,50 € + 20 c **b** 14,40 € + 65 c **c** 38,40 € + 35 c

d 2,75 € + 25 c **e** 25,40 € + 60 c **f** 33,85 € + 15 c

2 Calculez.

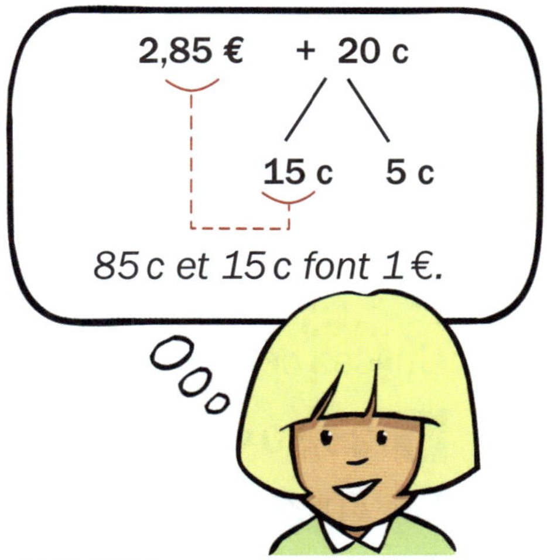

a 2,85 € + 20 c = ____ €

b 2,70 € + 60 c = ____ €

c 5,65 € + 45 c = ____ €

d 16,95 € + 45 c = ____ €

3 Calculez.

a 25,75 € —(+ 4 €)→ ____ € —(+ 10 c)→ ____ €

25,75 € + 4,10 € = ____ €

b 34,65 € —(+ 2 €)→ ____ € —(+ 35 c)→ ____ €

34,65 € + 2,35 € = ____ €

c 30,80 € —(+ 5 €)→ ____ € —(+ 40 c)→ ____ €

30,80 € + 5,40 € = ____ €

d 24,70 € —(+ 10 €)→ ____ € —(+ 50 c)→ ____ €

24,70 € + 10,50 € = ____ €

4 Calculez.

a 14,65 € + 6,20 € **b** 13,60 € + 24,40 €

c 32,70 € + 24,50 € **d** 15,60 € + 23,70 €

e 40,85 € + 19,65 € **f** 28,35 € + 26,75 €

5 Nous pouvons ajouter 24,55 € et 13,65 € de la manière suivante :

24,55 €
+ 13,65 €
38,20 €

Utilisez cette méthode pour calculer :

- **a** **35,30 € + 21,40 €**
- **b** **27,10 € + 10,90 €**
- **c** **40,70 € + 33,60 €**
- **d** **52,85 € + 16,35 €**
- **e** **28,65 € + 32,45 €**
- **f** **36,90 € + 24,85 €**

Cahier d'exercices A, Exercice 47.

6 Résolvez le problème suivant :

Adam a acheté une petite voiture à 6,95 €.
Il a aussi déjeuné pour 2,80 €.
Combien a-t-il dépensé en tout ?

2,80 € + 6,95 € = ______ **€**

En tout, Adam a dépensé ______ €.

7 Résolvez le problème suivant :

M. Antilogus achète un stylo-plume à 11,90 €.
Il lui reste 24,65 €.
Combien d'argent avait-il au départ ?

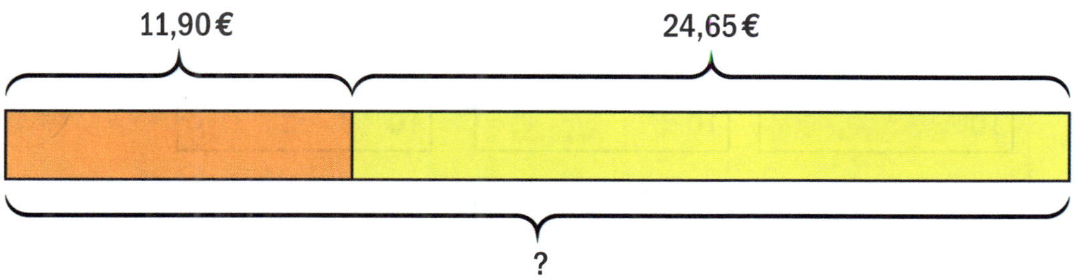

11,90 € + 24,65 € = ______ €

Au départ, M. Antilogus avait ______ €.

8 Résolvez le problème suivant :

Jean a économisé 6,75 € cette semaine.
Il a économisé 2,35 € de moins cette semaine que la semaine dernière.
Combien d'argent a-t-il économisé la semaine dernière ?

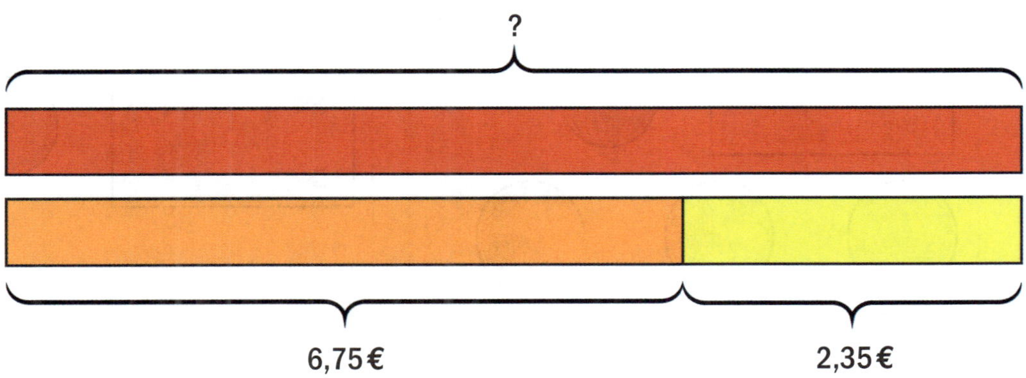

6,75 € + 2,35 € = ______ €

Jean a économisé ______ € la semaine dernière.

Cahier d'exercices A, Exercice 48.

3 - La soustraction

M. Antilogus a acheté un poste de radio et une calculatrice pour 56,50 €.
La calculatrice a coûté 25,30 €.
Combien d'argent le poste de radio a-t-il coûté ?

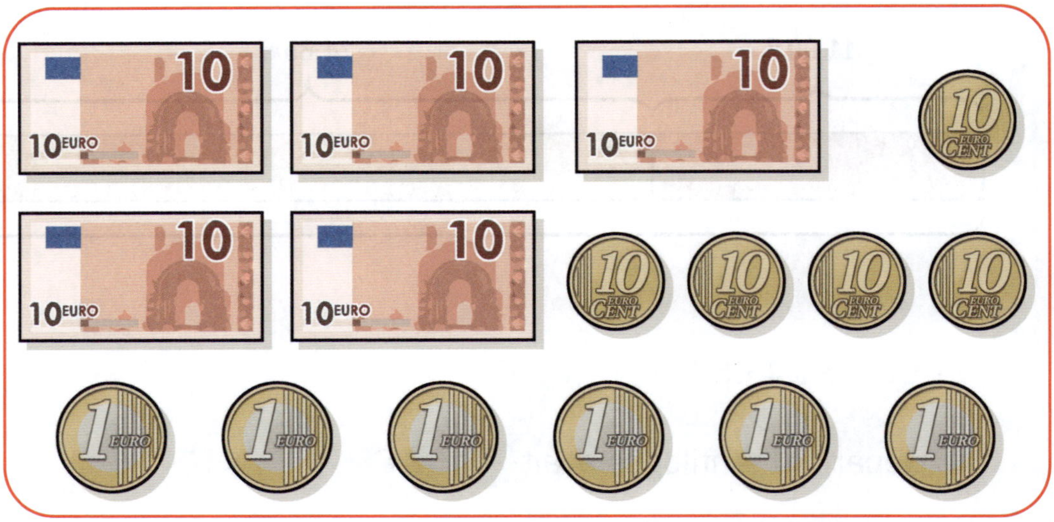

Coût du poste de radio et de la calculatrice

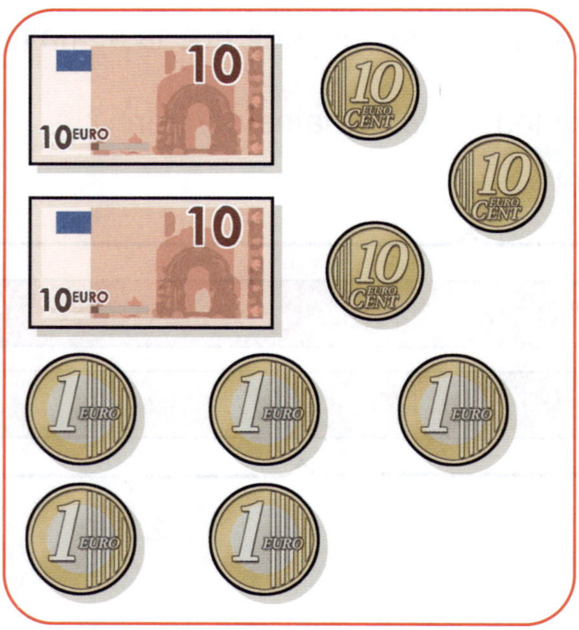

Coût de la calculatrice

Coût du poste de radio

56,50 € – 25,30 € = ______ € Le poste de radio coûte ______ €.

1 Calculez.

a 2,60 € – 20 c
b 8,75 € – 30 c
c 35,85 € – 45 c
d 1,50 € – 25 c
e 6,50 € – 45 c
f 46,70 € – 25 c

2 Calculez.

a 1 € – 60 c = ___ €
b 1,30 € – 60 c = ___ €
c 1,25 € – 35 c = ___ €
d 1,40 € – 85 c = ___ €

3 Calculez.

a 3,20 € – 80 c = ___ €
b 14,65 € – 90 c = ___ €
c 46,25 € – 45 c = ___ €
d 32,05 € – 55 c = ___ €

4 Calculez.

a 16,80 € —(– 4 €)→ ___ € —(– 60 c)→ ___ €

16,80 € – 4,60 € = ___ €

b 37,70 € —(– 10 €)→ ___ € —(– 20 c)→ ___ €

37,70 € – 10,20 € = ___ €

c 29,20 € —(– 12 €)→ ___ € —(– 50 c)→ ___ €

29,20 € – 12,50 € = ___ €

5 Calculez.

a 47,50 € – 12 €
b 35,70 € – 0,85 €
c 58 € – 12,60 €
d 64,40 € – 11,60 €
e 25,05 € – 15,35 €
f 56,20 € – 28,95 €

6 Nous pouvons soustraire 23,70 € de 46,20 € de la manière suivante :

$$\begin{array}{r} 46{,}20\,€ \\ -\ 23{,}70\,€ \\ \hline 22{,}50\,€ \end{array}$$

Utilisez cette méthode pour calculer :

- **a** **35,30 € – 21,40 €**
- **b** **27,10 € – 10,90 €**
- **c** **40,70 € – 33,60 €**
- **d** **52,85 € – 16,35 €**
- **e** **28,65 € – 32,45 €**
- **f** **36,90 € – 24,85 €**

7 Calculez.

- **a** **6 200 – 415**
- **b** **62,00 € – 4,15 €**
- **c** **4 005 – 835**
- **d** **40,05 € – 8,35 €**

8 Calculez.

- **a** **10 € – 4,70 €**
- **b** **30 € – 7,20 €**
- **c** **50 € – 8,25 €**
- **d** **50 € – 23,80 €**
- **e** **100 € – 52,90 €**
- **f** **100 € – 39,45 €**

Cahier d'exercices A, Exercice 49.

9 Résolvez le problème suivant :

Mme Miam a acheté un paquet de gâteaux qui coûte 5,65 €.
Elle a donné au caissier 10 €.
Combien de monnaie a-t-elle récupérée ?

10 € – 5,65 € = ____ €

En tout, Mme Miam a récupéré ____ €.

10 Résolvez le problème suivant :

Muriel a 20 €.
Après avoir acheté un parapluie, il lui reste 14,60 €.
Combien lui a coûté le parapluie ?

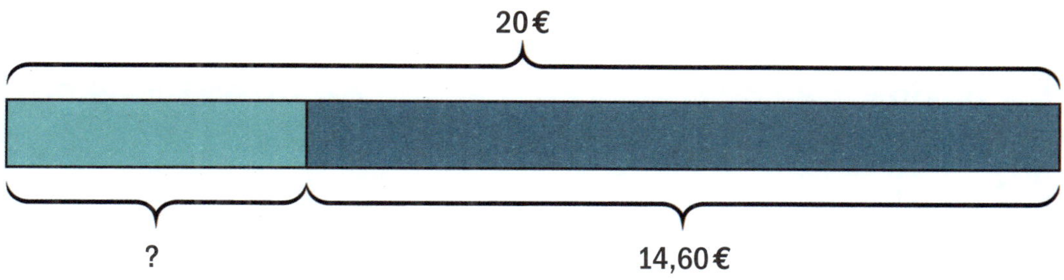

20 € – 14,60 € = ▭ €

Le parapluie a coûté ▭ € à Muriel.

11 Résolvez le problème suivant :

M. Antilogus a 25,50 €.
Il veut acheter une montre qui coûte 35 €.
Combien d'argent lui faut-il en plus ?

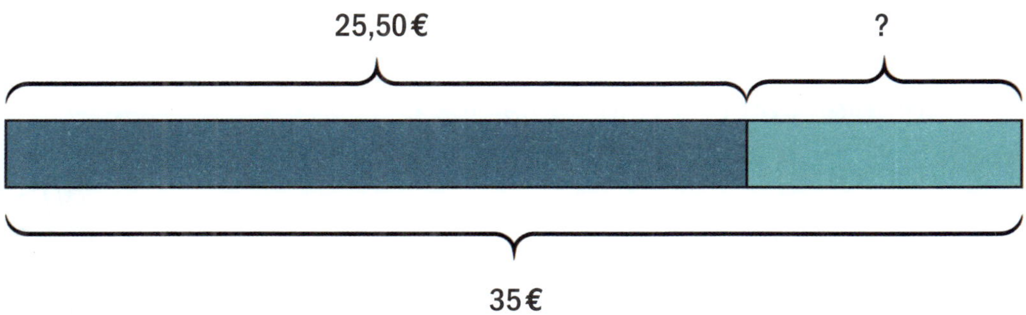

35 € – 25,50 € = ▭ €

M. Antilogus a besoin de ▭ € en plus.

Cahier d'exercices A, Exercices 50 et 51.

Exercices 5B

1 Additionnez.

a **26,20 € + 13,50 €**

b **39,45 € + 60,55 €**

c **48,40 € + 27,30 €**

d **15,95 € + 24,35 €**

e **65,85 € + 25,80 €**

f **36,45 € + 54,55 €**

2 Soustrayez.

a **36,70 € – 15,35 €**

b **60,50 € – 24,45 €**

c **52,30 € – 30,70 €**

d **40,05 € – 16,30 €**

e **72,20 € – 26,95 €**

f **81,00 € – 31,85 €**

3 Résolvez les problèmes suivants :

a Après avoir acheté 24,60 € de fruits, il reste à Camille 76,40 €.
Combien d'argent avait-elle au départ ?

b M. Martin veut acheter une canne à pêche qui coûte 62,50 €, mais il n'a que 48,60 €.
Combien d'argent lui faut-il de plus ?

c Une petite voiture coûte 16,80 €.
Un avion miniature coûte 5,60 € de plus que la petite voiture.
Combien coûte l'avion miniature ?

d Marie a 10 € en poche.
Après avoir acheté un sandwich, il lui reste 6,95 €.
Combien a coûté son repas ?

e Une blouse et une jupe coûtent 42,50 €.
La blouse coûte 16,85 €.
Combien coûte la jupe ?

f Ève a 40,50 €.
Elle achète un stylo à 6,80 € et un livre à 13,20 €.
Combien lui reste-t-il d'argent ?

Exercices 5C

1 Additionnez et soustrayez.

a	**26,20 € + 13,50 €**	**60,50 € – 24,45 €**
b	**48,40 € + 27,30 €**	**60,50 € – 24,45 €**
c	**65,85 € + 25,80 €**	**60,50 € – 24,45 €**
d	**65,85 € + 25,80 €**	**60,50 € – 24,45 €**
e	**65,85 € + 25,80 €**	**60,50 € – 24,45 €**

2 Résolvez les problèmes suivants :

a Une raquette de badminton coûte 15,90 €.
Une raquette de tennis coûte 42,50 €.
Quelle différence de prix y a-t-il entre la raquette de badminton et la raquette de tennis ?

b Le prix courant d'un poste de radio est de 43 €.
Un magasin propose un prix promotionnel de 29,95 €.
Quelle économie fait-on grâce à cette promotion ?

c Ève avait 10,80 €.
Sa marraine lui donne un peu d'argent lors de sa visite.
Ève a maintenant 12,30 €.
Combien d'argent lui a donné sa marraine ?

d M. Antilogus achète 2,40 € de légumes et un poisson à 3,70 €.
Il lui reste 21,30 €.
Combien d'argent avait-il au départ ?

e Mme Miam achète un poulet et un canard.
Le poulet coûte 5,70 €.
Le canard coûte 1,95 € de plus que le poulet.
Combien coûte le canard ?

Révision B

1 Trouvez le résultat des opérations suivantes :

a	**1672 + 298**	**3984 + 1479**	**804 + 9196**
b	**3941 – 296**	**4732 – 2415**	**5000 – 4999**
c	**47 x 3**	**207 x 5**	**789 x 4**
d	**78 ÷ 3**	**700 ÷ 4**	**451 ÷ 5**

2 Résolvez les problèmes suivants :

a Audrey travaille 9 jours au restaurant.
Elle reçoit 4 € de pourboire par jour.
Combien de pourboire gagne-t-elle en 9 jours ?

b Mme Gaudin achète des tomates pour 56 €.
Combien de kilos de tomates a-t-elle achetés ?

c Zoé pèse 29 kilos.
Son père est 3 fois plus lourd qu'elle.
Quelle différence de poids y a-t-il entre Zoé et son père ?

d Un maçon achète 2 500 tuiles pour réparer un toit.
Il utilise 1 164 tuiles pour le garage et 940 tuiles pour l'auvent.
Combien de tuiles reste-t-il ?

e 4 étudiants achètent un cadeau d'anniversaire pour leur ami.
Ils ont donné 100 € au vendeur qui leur a rendu 48 € de monnaie.
S'ils partagent le coût équitablement, combien chaque étudiant a-t-il payé ?

f M. Antilogus achète 8 paquets de biscuits pour une fête.
Il y a 12 biscuits dans chaque paquet.
Après la fête, il reste 28 biscuits.
Combien de biscuits ont été mangés pendant la fête ?

Révision C

1 Trouvez le résultat des opérations suivantes :

a	1 235 + 543	6 785 + 560	917 + 5 607
b	4 560 – 564	4 532 – 1 608	6 010 – 5 998
c	67 x 7	208 x 9	760 x 8
d	88 ÷ 8	345 ÷ 7	809 ÷ 9

2 Résolvez les problèmes suivants :

a Quand il est à l'école, Tom mange trois biscuits par goûter.
Il est à l'école quatre jours par semaine.
Combien de biscuits Tom mange-t-il par semaine ?

b Au mariage de mon oncle, il y avait 96 invités, tous assis à des tables de huit personnes.
Combien y avait-il de tables ?

c Mme Miam a acheté six douzaines d'œufs pour faire des tortillas.
Elle a besoin de quatre oeufs pour faire une tortilla.
Combien peut-elle faire de tortillas avec tous les œufs qu'elle a achetés ?

d La caissière a dû se tromper : elle m'a rendu 57,50 €
au lieu de 68,35 €.
Combien me doit-elle ?

e Emmanuel a 6 bandes dessinées. Il a 9 fois plus de romans illustrés que de bandes dessinées.
S'il range 12 romans par étagère, combien va-t-il pouvoir en remplir ?

f Le budget de la classe de CE1, cette année, s'élève à 560 euros.
Après avoir acheté pour 230 euros de fourniture, il faut acheter de nouveaux manuels de français. Si chaque manuel de français coûte 11 euros, combien d'élèves auront un nouveau manuel ?

Chapitre 6

Calcul mental

1 - L'addition

Additionnez 46 et 27.

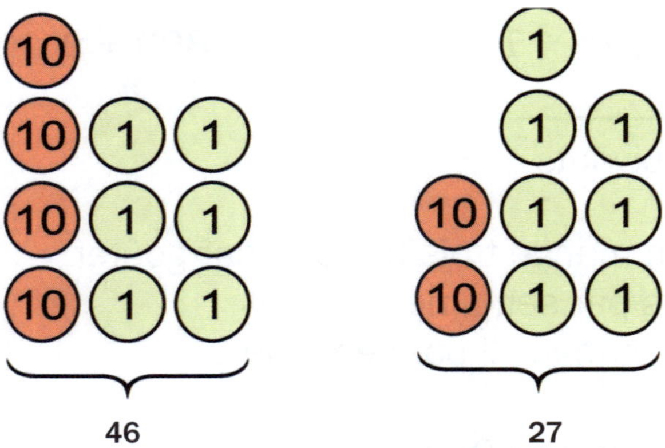

46 $\xrightarrow{+20}$ 66 $\xrightarrow{+7}$ 73

46 + 27 =

1 Calculez.

a $23 \xrightarrow{+10} \square \xrightarrow{+4} \square$

$23 + 14 = \square$

b $54 \xrightarrow{+30} \square \xrightarrow{+6} \square$

$54 + 36 = \square$

c $38 \xrightarrow{+40} \square \xrightarrow{+5} \square$

$38 + 45 = \square$

2 Répondez aux questions suivantes :

a Quel nombre représente 3 de plus que 68 ?

b Quel nombre représente 20 de plus que 94 ?

3 Additionnez.

a 43 + 30
b 67 + 20
c 85 + 50
d 72 + 5
e 33 + 7
f 64 + 8
g 36 + 23
h 27 + 35
i 55 + 26

Cahier d'exercices B, Exercice 1.

4 Quelle est la somme de 58 et 16 ?

$58 + 16 = \square$

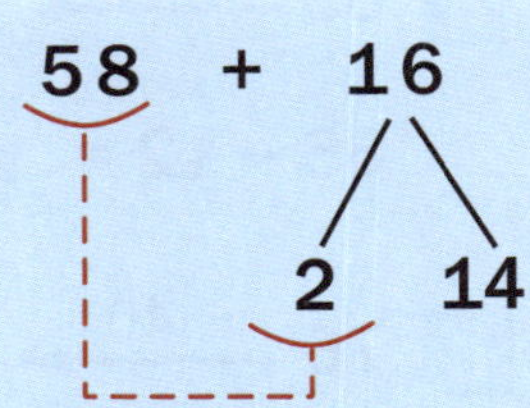

58 + 2 = 60
58 + 16 = 60 + 14

5 Additionnez.

a 39 + 27
b 58 + 34
c 45 + 65

Cahier d'exercices B, Exercice 2.

2 - La soustraction

Soustrayez 34 de 87.

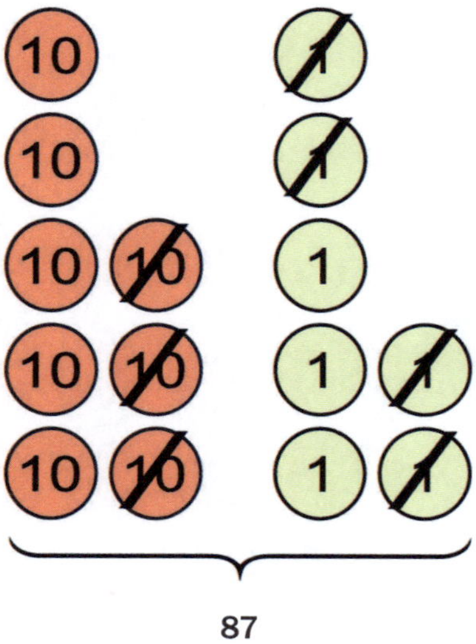

87 $\xrightarrow{-30}$ 57 $\xrightarrow{-4}$ 53

87 – 34 = ▢

1 Calculez.

a 65 $\xrightarrow{-10}$ ▢ $\xrightarrow{-2}$ ▢

65 – 12 = ▢

b 76 $\xrightarrow{-40}$ ▢ $\xrightarrow{-6}$ ▢

76 – 46 = ▢

c 63 $\xrightarrow{-20}$ ▢ $\xrightarrow{-8}$ ▢

63 – 28 = ▢

2 Répondez aux questions suivantes :

a Quel nombre représente 2 de moins que 51 ?

b Quel nombre représente 30 de moins que 76 ?

3 Soustrayez.

a 70 – 30 b 95 – 70 c 68 – 60

d 58 – 6 e 83 – 3 f 47 – 9

4 Soustrayez.

a 48 – 32 b 64 – 34 c 85 – 59

d 56 – 24 e 87 – 47 f 63 – 55

5 Quelle est la différence entre 90 et 18 ?

90 – 18 =

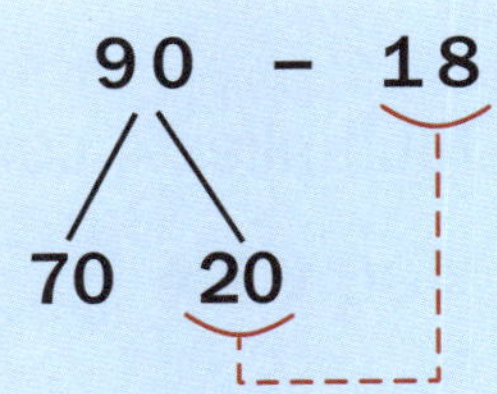

20 – 18 = 2

90 – 18 = 70 + 2

6 Soustrayez.

a 30 – 28 b 60 – 56 c 70 – 65

d 50 – 17 e 40 – 29 f 80 – 58

g 40 – 16 h 70 – 58 i 90 – 39

Cahier d'exercices B, Exercice 3.

3 - La multiplication

Multipliez 3 dizaines par 4.

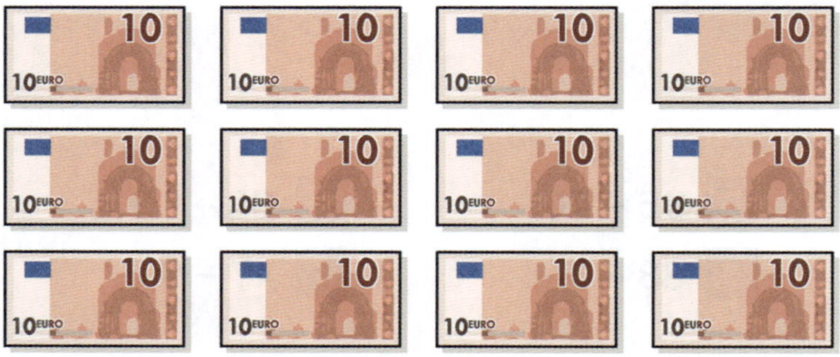

3 dizaines x **4** = **12** dizaines

30 x 4 = ☐

1 Multipliez.

6 dizaines x 5 = ☐ dizaines.

a Multipliez 6 dizaines par 5.

60 x 5 = ☐

b Multipliez 4 centaines par 3.

400 x 3 = ☐

4 centaines x 3 = ☐ centaines.

2 Multipliez.

a 8 x 7	**b** 80 x 7	**c** 800 x 7
d 50 x 9	**e** 40 x 8	**f** 90 x 6
g 600 x 3	**h** 300 x 5	**i** 700 x 4

Cahier d'exercices B, Exercice 4.

4 - La division

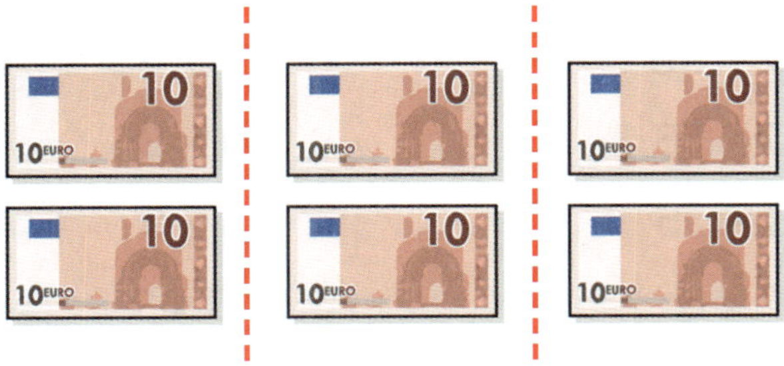

6 dizaines ÷ **3** = **2** dizaines

60 ÷ 3 = ☐

1 Divisez.

a Divisez 8 dizaines par 4.

80 ÷ 4 = ☐

b Divisez 6 centaines par 2.

600 ÷ 2 = ☐

2 Divisez.

a 9 ÷ 3	**b** 90 ÷ 3	**c** 900 ÷ 3
d 40 ÷ 2	**e** 360 ÷ 6	**f** 400 ÷ 10
g 320 ÷ 8	**h** 2 400 ÷ 4	**i** 1 000 ÷ 5

Cahier d'exercices B, Exercice 5.

Exercices 6A

1 Trouvez le résultat des opérations suivantes :

a	**65 + 28**	**34 + 66**	**18 + 84**
b	**99 + 99**	**99 + 98**	**27 + 45**
c	**78 – 45**	**90 – 56**	**90 – 85**
d	**99 – 98**	**83 – 75**	**98 – 97**
e	**4 x 30**	**50 x 8**	**200 x 9**
f	**500 ÷ 5**	**600 ÷ 10**	**400 ÷ 2**
g	**100 x 6**	**5 x 90**	**300 x 7**
h	**160 ÷ 8**	**240 ÷ 3**	**810 ÷ 9**
i	**6 x 100**	**40 x 6**	**500 x 5**

2 Répondez aux questions suivantes :

a Quel nombre représente 29 de moins que 84 ?

b Quel nombre représente 68 de moins que 310 ?

c Quel nombre représente 35 de moins que 475 ?

d Quel nombre représente 97 de moins que 5 397 ?

3 Résolvez les problèmes suivants :

a Un cahier d'exercices compte 172 pages.
Combien de pages y a-t-il dans 6 cahiers d'exercices ?

b M. Levert, le marchand, répartit de manière égale 200 oignons dans 5 sacs.
Combien d'oignons y a-t-il dans chaque sac ?

c Mme Miam, la boulangère, a vendu 70 pains au lait vendredi dernier.
Dimanche, elle en a vendu 4 fois plus que vendredi.
Combien de pains au lait a-t-elle vendus dimanche ?

Exercices 6B

1 Trouvez le résultat des opérations suivantes :

a	**4 x 30**	**50 x 8**	**200 x 9**
b	**500 ÷ 5**	**600 ÷ 10**	**400 ÷ 2**
c	**78 – 45**	**90 – 56**	**90 – 85**
d	**99 – 98**	**83 – 75**	**98 – 97**

2 Résolvez les problèmes suivants :

a Alice met de côté 50 € par mois.
Combien d'argent met-elle de côté en 8 mois ?

b Mme Miam a vendu 200 macarons à la pistache.
Elle a vendu 4 fois plus de macarons au chocolat que de macarons à la pistache.
Combien a-t-elle vendu de macarons au chocolat ?

c M. Levert achète 9 cageots de poires.
Chaque cageot contient 40 poires.
Combien de poires M. Levert a-t-il achetées en tout ?

d Un petit sachet contient 6 autocollants.
Combien d'autocollants y a-t-il dans 200 sachets ?

e M. Martin emballe 250 tomates dans des filets contenant chacun 5 tomates.
1. Combien de filets pleins a-t-il à la fin ?
2. Il vend tous ses filets de tomates à 2 € pièce.
   Combien d'argent M. Martin reçoit-il ?

f
1. M. Antilogus achète 98 stylos bleus et 62 stylos rouges.
   Combien de stylos a-t-il achetés en tout ?
2. Ève répartit les stylos de manière égale dans 8 tiroirs.
   Combien de stylos y a-t-il dans chaque tiroir ?

Chapitre 7

La longueur

1 - Les mètres et les centimètres

En vous servant d'une règle de 1 mètre, regardez combien représente 1 mètre.

Faites une estimation de la longueur du tableau de classe.
Puis vérifiez, en mesurant à l'aide d'une règle de 1 mètre.

Faites une estimation de la hauteur de la porte de votre salle de classe.
Vérifiez, en mesurant.

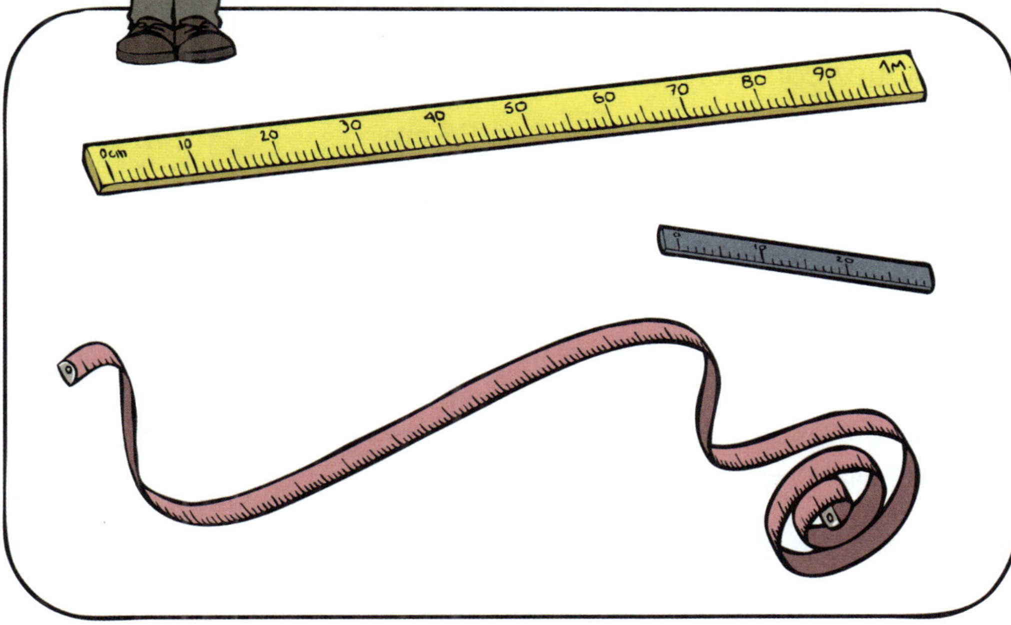

1 Ali mesure 1 m 25 cm.

a 1 m 25 cm, cela représente ____ cm de plus que 1 m.

b **1 m 25 cm = ____ cm**

2 Répondez aux questions suivantes :

a Combien de centimètres y a-t-il dans 2 m ? **2 m = ____ cm**

b Combien de mètres y a-t-il dans 300 cm ? **300 cm = ____ m**

3 Faites 5 grandes enjambées.

Mesurez la distance que vous avez parcourue en mètres et centimètres.
Puis indiquez combien cela représente en centimètres.

4 Répondez à la question suivante :

Au saut en longueur, Arnaud saute 1 m 45 cm.
Combien cela fait-il en centimètres ?

1 m 45 cm = ____ cm

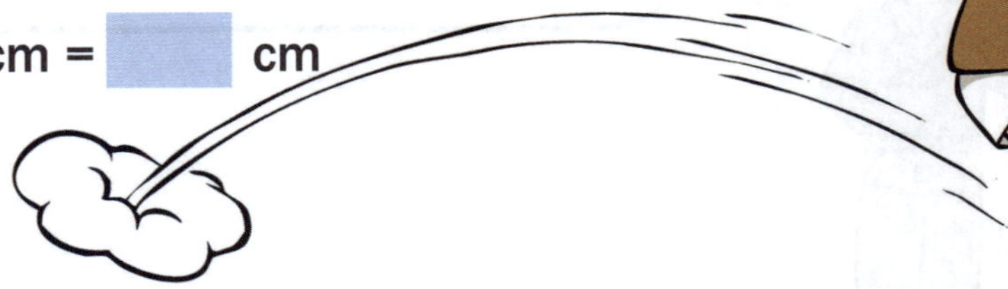

5 Indiquez combien font, en centimètres :

a **1 m 90 cm** **b** **1 m 55 cm** **c** **2 m 86 cm**
d **2 m 89 cm** **e** **3 m 8 cm** **f** **4 m 6 cm**

6 Répondez à la question suivante :

La voiture des parents de Louis mesure 395 cm de long.
Combien cela fait-il en mètres et centimètres ?

395 cm = ____ m ____ cm

7 Combien représentent, en mètres et centimètres :

a **190 cm** **b** **195 cm** **c** **262 cm**
d **299 cm** **e** **3 048 cm** **f** **409 cm**

8 Ce tableau donne les résultats d'une finale de lancer de poids.

Nom	Distance
Raphaël	1 m 89 cm
Jean	2 m 8 cm
Hassan	1 m 96 cm

Rangez ces distances, de la plus petite à la plus grande.

Cahier d'exercices B, Exercice 6.

9 Résolvez le problème suivant :

Lili a un morceau de ruban rouge de 3 m 40 cm de long, et un morceau de ruban jaune de 1 m 85 cm de long.

a Combien mesurent les deux rubans, mis bout à bout ?

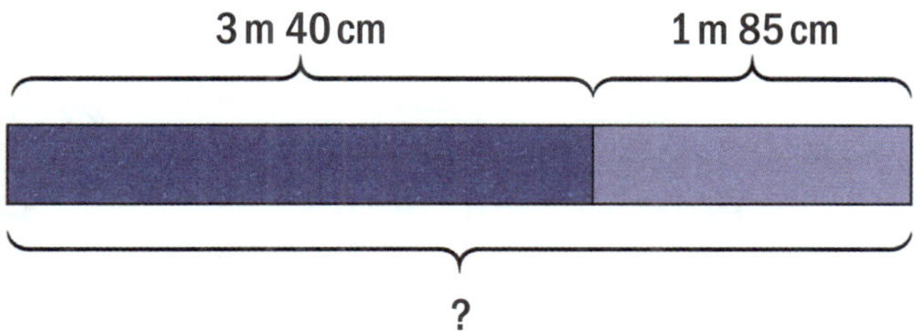

3 m 40 cm + 1 m 85 cm = ___ m ___ cm

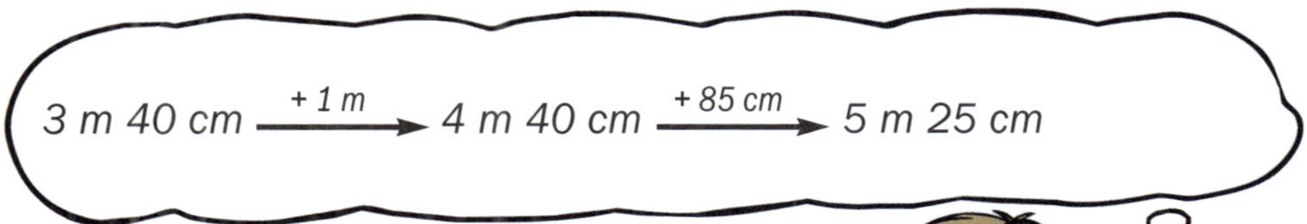

La longueur totale des deux rubans est de ___ m ___ cm.

b De combien de centimètres le ruban rouge dépasse-t-il le ruban jaune ?

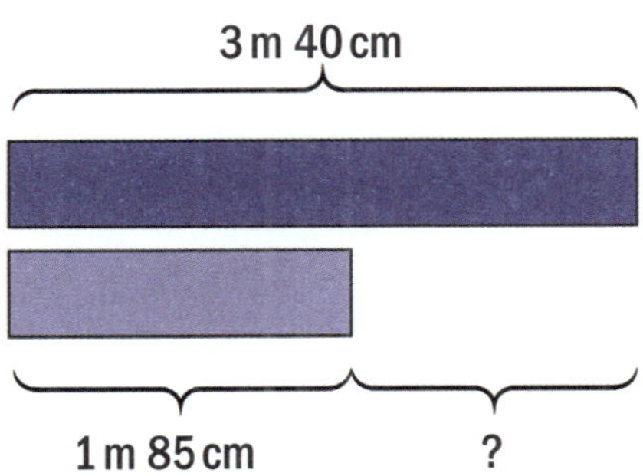

3 m 40 cm – 1 m 85 cm = ___ m ___ cm

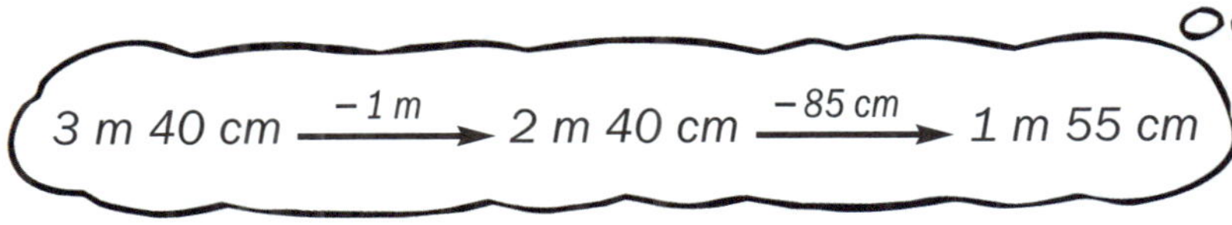

Le ruban rouge est plus long de ___ m ___ cm que le ruban jaune.

Cahier d'exercices B, Exercice 7.

Exercices 7A

1 Indiquez combien font, en centimètres :

a 4 m **b** 1 m 40 cm **c** 2 m 25 cm

d 3 m 95 cm **e** 4 m 5 cm **f** 9 m 9 cm

2 Indiquez combien font, en mètres et centimètres :

a 3 m 95 cm **b** 225 cm **c** 309 cm

d 618 cm **e** 963 cm **f** 405 cm

3 Trouvez les nombres manquants.

a 1 m – 65 cm = ☐ cm

b 1 m – 55 cm = ☐ cm

c 2 m – 1 m 75 cm = ☐ cm

d 2 m – 95 cm = ☐ m ☐ cm

e 3 m – 2 m 92 cm = ☐ cm

f 2 m 40 cm – 6 cm = ☐ m ☐ cm

4 Faites l'addition ou la soustraction en mètres et centimètres.

a 2 m 75 cm + 2 m **b** 3 m 4 cm + 65 cm

c 1 m 26 cm + 2 m 65 cm **d** 4 m 8 cm + 1 m 95 cm

e 5 m 85 cm – 5 m **f** 5 m 90 cm – 76 cm

g 2 m 55 cm – 1 m 50 cm **h** 3 m 6 cm – 2 m 25 cm

5 Résolvez les problèmes suivants :

a David mesure 1 m 60 cm. Hassan mesure 16 cm de moins que David. Combien mesure Hassan ?

b M. Chautard emballe deux colis avec ces 2 ficelles. Quelle longueur totale de ficelle a-t-il utilisée ?

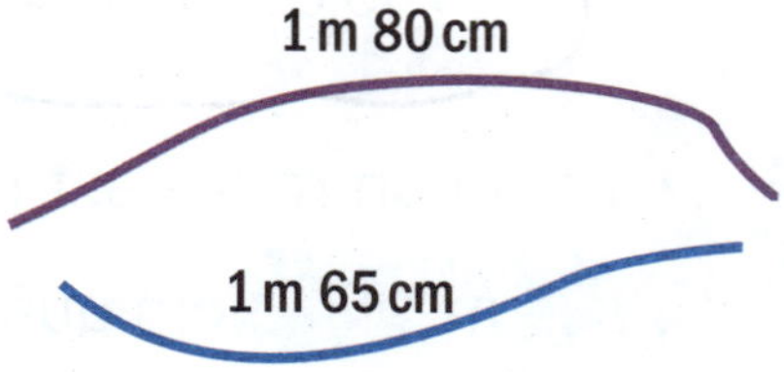

2 - Les kilomètres

Le **kilomètre (km)**, le mètre (m) et le centimètre (cm) sont des unités de longueur.

1 km = 1000 m
1 m = 100 cm

1 Complétez les phrases suivantes :

a La distance entre l'île du Soleil et le Pic Chauve est de ____ km ____ m.

b La distance entre le Mont Castel et l'île du Soleil est de ____ km ____ m.

2 Complétez les phrases suivantes :

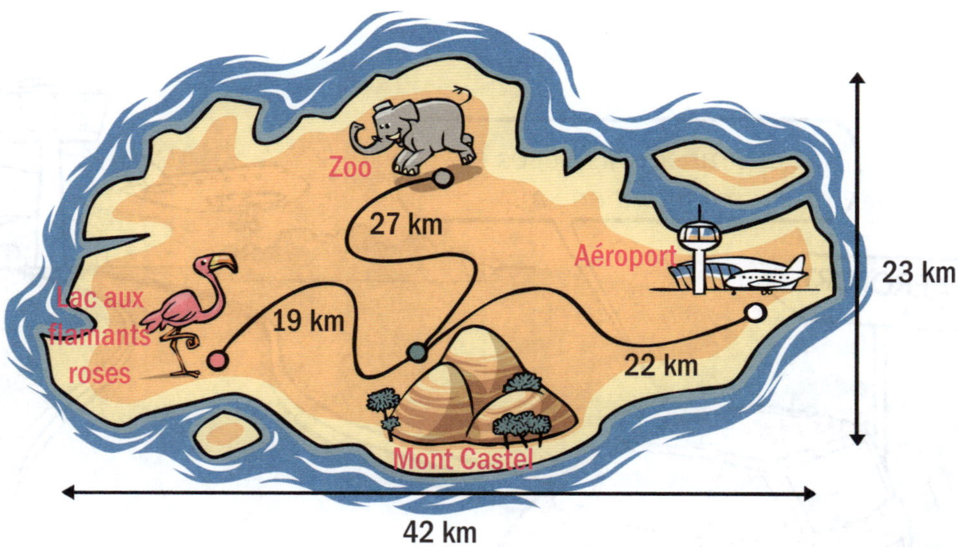

a La longueur de l'île, d'est en ouest, est d'à peu près ____ km.
La largeur de l'île, du nord au sud, est d'à peu près ____ km.

b Par la route, la distance entre le lac aux flamants roses et l'aéroport est d'à peu près ____ km.

3 Répondez à la question suivante :

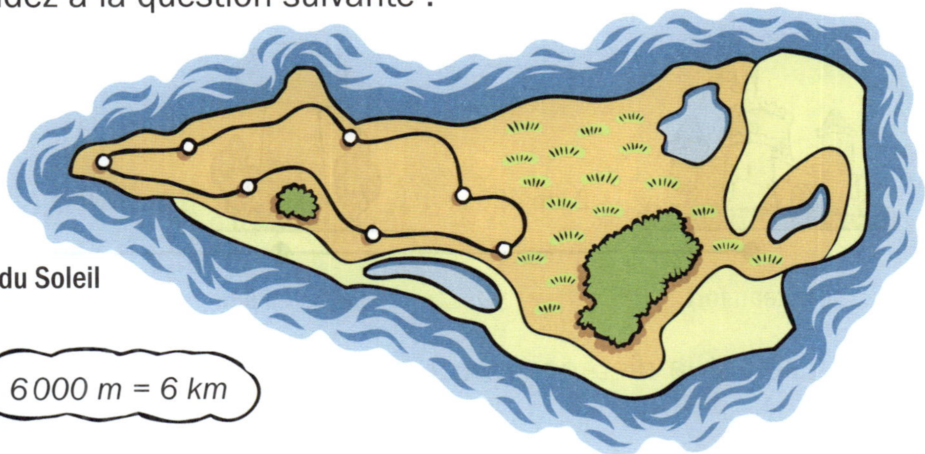

La longueur totale de la ligne de train sur cette île est d'à peu près 6 km 100 m.
Combien cela représente-t-il en mètres ?

4 Complétez :

La longueur totale de la piste est de 400 m.
Hassan a couru trois tours de piste.

Il a couru ☐ km ☐ m.

5 Indiquez combien représentent, en mètres :

a 1 km 600 m **b** 2 km 550 m **c** 2 km 605 m

d 3 km 85 m **e** 3 km 20 m **f** 4 km 5 m

6 Indiquez combien représentent, en kilomètres et mètres :

a 1 830 m **b** 2 304 m **c** 2 780 m

d 3 096 m **e** 3 040 m **f** 4 009 m

Cahier d'exercices B, Exercices 8 à 10.

7 Répondez à la question suivante :

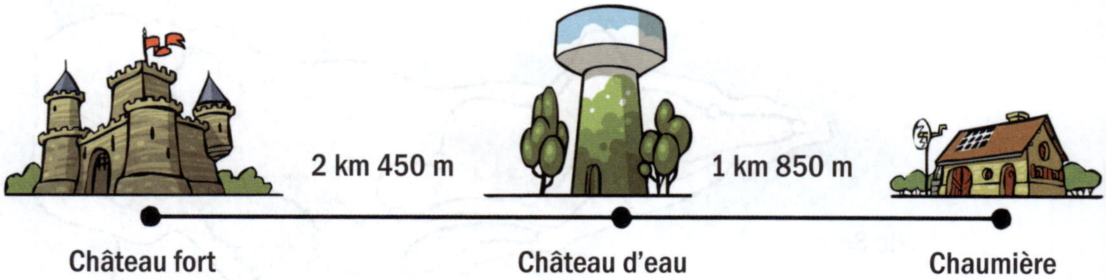

Quelle est la distance entre le château fort et la chaumière ?

2 km 450 m + 1 km 850 m = ___ km ___ m

2 km 450 m $\xrightarrow{+\,1\text{ km}}$ *3 km 450 m* $\xrightarrow{+\,850\text{ m}}$ *4 km 300 m*

La distance entre le château fort et la chaumière est de ___ km ___ m.

8 Répondez à la question suivante :

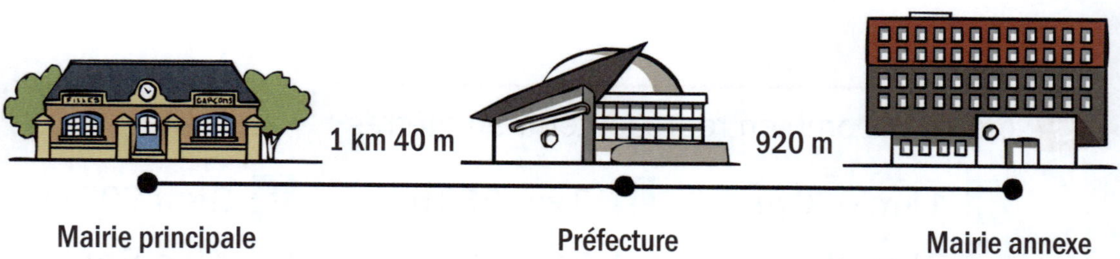

Quelle est la mairie la plus proche de la préfecture ?

1 km 40 m – 920 m = ___ m

La mairie annexe est plus proche de ___ de la préfecture.

Cahier d'exercices B, Exercice 11.

Exercices 7B

1 Indiquez combien représentent, en mètres :

- **a** 3 km
- **b** 1 km 450 m
- **c** 2 km 506 m
- **d** 2 km 60 m
- **e** 3 km 78 m
- **f** 4 km 9 m

2 Indiquez combien représentent, en kilomètres et mètres :

- **a** 1 680 m
- **b** 1 080 m
- **c** 2 204 m
- **d** 3 090 m
- **e** 3 999 m
- **f** 4 001 m

3 Trouvez les nombres manquants.

- **a** 1 km – 800 m = ____ m
- **b** 1 km – 600 m = ____ m
- **c** 2 km – 1 km 45 m = ____ m
- **d** 1 km – 40 m = ____ m
- **e** 5 km – 4 km 940 m = ____ m
- **f** 2 km 275 m = ____ km ____ m

4 Faites l'addition ou la soustraction en mètres et centimètres.

- **a** 2 km 650 m + 3 km
- **b** 3 km 460 m + 50 m
- **c** 3 km 300 m + 800 m
- **d** 4 km 700 m + 1 km 300 m
- **e** 5 km 950 m – 4 km
- **f** 4 km 820 m – 720 m
- **g** 6 km 25 m – 3 km 350 m
- **h** 5 km 40 m – 3 km 990 m

5 Résolvez le problème suivant :

Quelle distance sépare le bateau du phare ?

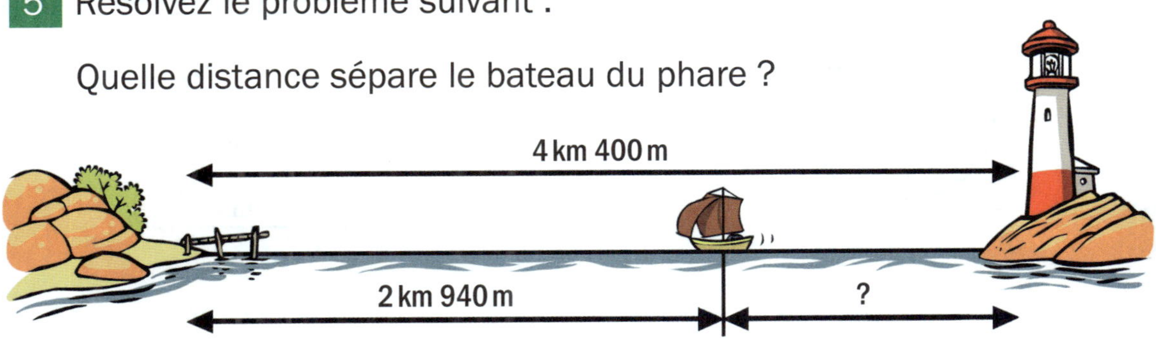

Chapitre 8

Le poids

1 - Les kilogrammes et les grammes

Le **kilogramme (kg)** et le **gramme (g)** sont des unités de poids.

1 kg = 1 000 g

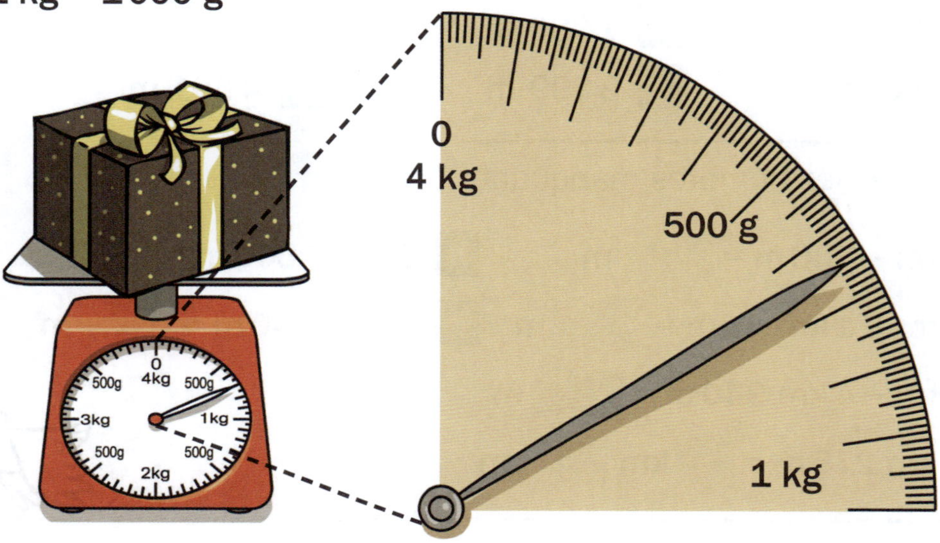

Le paquet pèse 650 g.

Les raisins pèsent ____ g.

Le melon pèse ____ g.

1 Quel est le poids indiqué par la balance ?

a

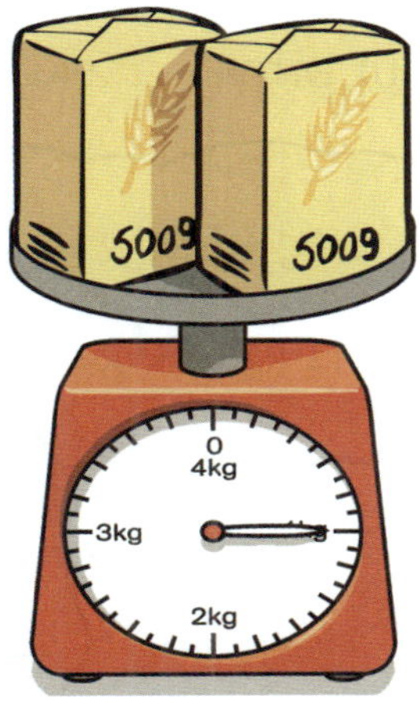

b

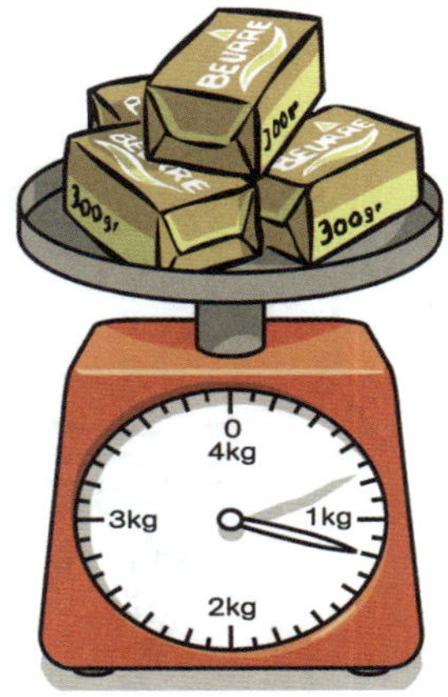

c

d

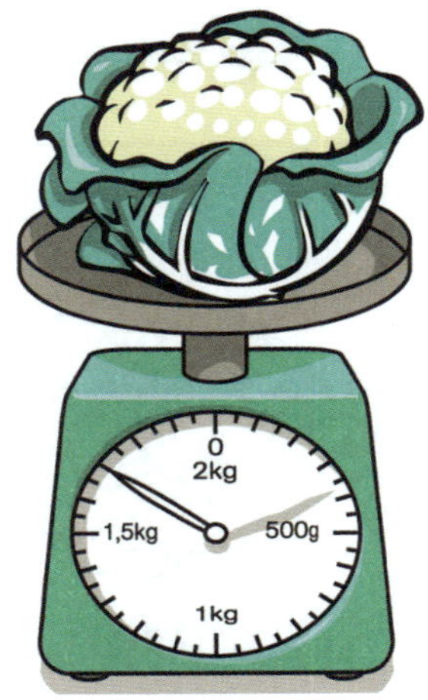

2 Répondez à la question suivante :

Ce sac de pommes de terre pèse 2 kg et 200 g. Combien cela représente-t-il en grammes ?

3 Résolvez le problème suivant :

Chaque manuel pèse 350 g.

Le poids total des 4 manuels est de ☐ kg ☐ g.

4 Résolvez le problème suivant :

Ce sac de cacahuètes pèse 1 kg 850 g.
Combien de cacahuètes faut-il ajouter pour arriver à 2 kg ?

5 Répondez aux questions suivantes :

1 100 g

1 kg 250 g

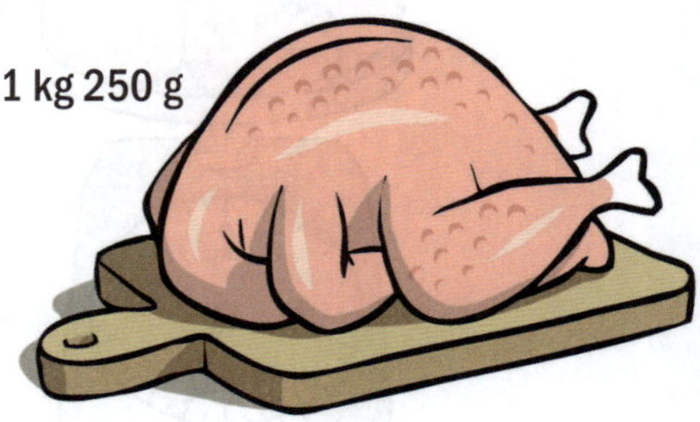

Lequel pèse le plus lourd ? Le poisson ou le poulet ?
Combien pèse-t-il de plus ?

6 Répondez aux questions suivantes :

2 kg 600 g

1 kg 500 g

Quel est le poids total des cornichons et des tomates ?
Quelle est la différence de poids entre les cornichons et les tomates ?

Cahier d'exercices B, Exercices 13 et 14

7 Résolvez le problème suivant :

3 kg 80 g

1 kg 960 g

a Quel est le poids total de la pastèque et des bananes ?

3 kg 80 g + 1 kg 960 g = ___ kg ___ g

3 kg 80 g $\xrightarrow{+\,1\text{ kg}}$ *4 kg 80 g* $\xrightarrow{+\,960\text{ g}}$ *5 kg 40 g*

Le poids total de la pastèque et des bananes est de ___ kg ___ g.

b Quelle est la différence de poids entre la pastèque et les bananes ?

3 kg 80 g – 1 kg 960 g = ___ kg ___ g

3 kg 80 g $\xrightarrow{-\,1\text{ kg}}$ *2 kg 80 g* $\xrightarrow{-\,960\text{ g}}$ *1 kg 120 g*

La différence de poids entre la pastèque et les bananes est de ___ kg ___ g.

Cahier d'exercices B, Exercice 15.

Exercices 8A

1 Indiquez combien font, en grammes :

a 1 kg 456 g **b** 2 kg 370 g **c** 3 kg 808 g
d 2 kg 80 g **e** 1 kg 8 g **f** 4 kg 7 g

2 Indiquez combien font, en kilogrammes et grammes :

a 2 143 g **b** 1 354 g **c** 3 800 g
d 2 206 g **e** 3 085 g **f** 4 009 g

3 Trouvez les nombres manquants.

a 1 kg – 395 g = ☐ g
b 1 kg – 85 g = ☐ g
c 3 kg – 2 kg 400 g = ☐ g
d 5 kg – 4 kg 60 g = ☐ g
e 1 kg – 540 g = ☐ g
f 3 kg – 805 g = ☐ kg ☐ g

4 Faites l'addition ou la soustraction.

a 3 kg 500 g + 2 kg
b 4 kg 650 g + 450 g
c 3 kg 100 g + 1 kg 900 g
d 2 kg 50 g + 4 kg 70 g
e 3 kg 10 g – 200 g
f 4 kg 300 g – 1 kg 50 g
g 4 kg 250 g – 1 kg 500 g
h 5 kg – 2 kg 905 g

5 Résolvez les problèmes suivants :

a Lili pesait 25 kg et 750 g il y a deux ans. Aujourd'hui, elle pèse 32 kg. Combien a-t-elle pris de kilos en deux ans ?

b Une citrouille pèse 2 kg et 990 g. Une pastèque pèse 4 kg et 200 g. Trouvez le poids total de la pastèque et de la citrouille. Quelle est la différence de poids entre la citrouille et la pastèque ?

2 - Nouveaux problèmes

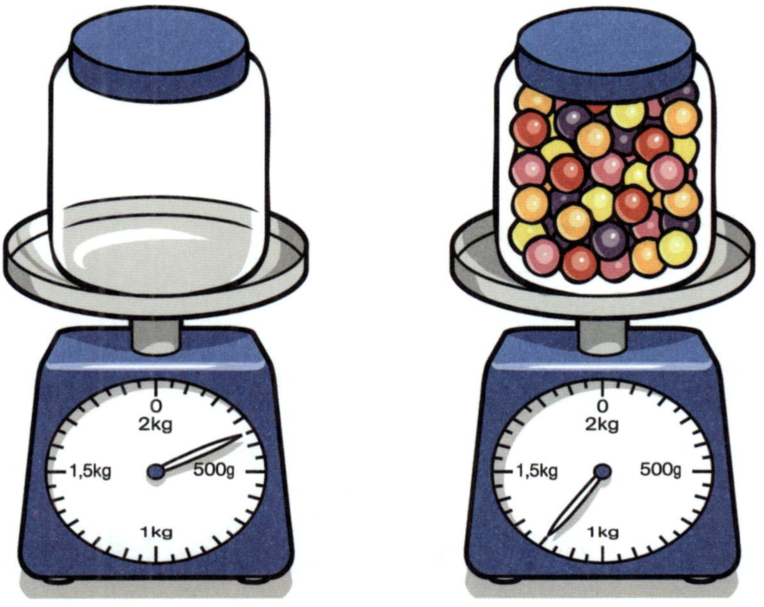

Poids du bocal vide	+	Poids des perles	=	Poids total du bocal et des perles
(350 g)		**(?)**		**(1 kg et 200 g)**

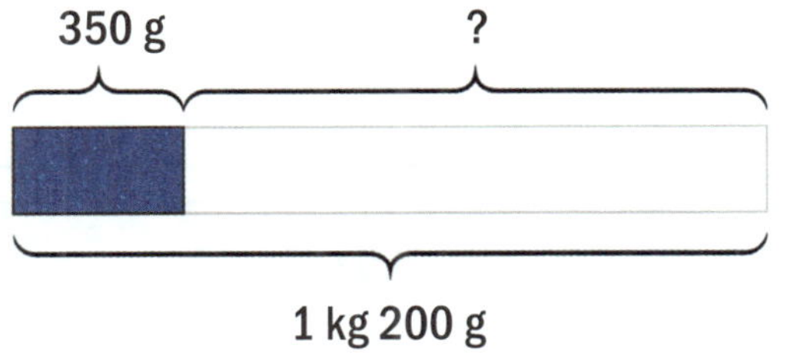

Poids des perles = 1 kg 200 g – 350 g

= ☐ g

1 Répondez à la question suivante :

Un bocal de mayonnaise pèse 560 g.
Le même bocal, vide, pèse 305 g.
Combien le bocal contient-il de mayonnaise, en grammes ?

2 Répondez à la question suivante :

Une corbeille de fruits pèse 1 kg et 60 g.
La corbeille vide pèse 200 g.
Combien pèsent les fruits seuls ?

3 Répondez à la question suivante :

Mme Morlay pèse 57 kg.
Elle est 3 fois plus lourde que sa fille Gabrielle.
Combien pèse Gabrielle ?

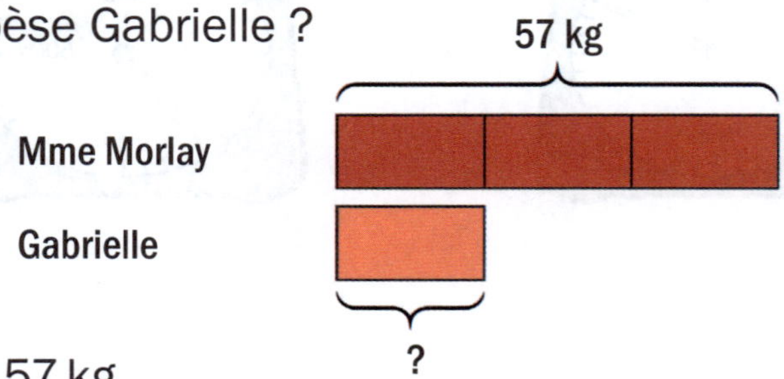

3 unités = 57 kg

1 unité = ☐ kg Gabrielle pèse ☐ kg.

4 Répondez à la question suivante :

Une dinde est 5 fois plus lourde qu'un poulet.
Si le poulet pèse 950 g, combien pèse la dinde ?

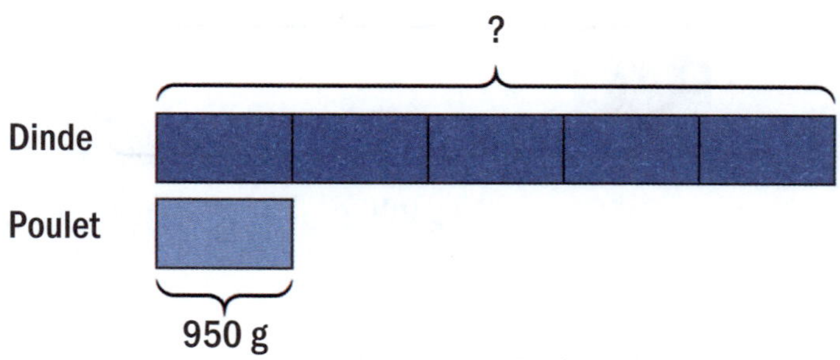

1 unité = 950 g Poids de la dinde = 5 unités.

Poids de la dinde = ☐ g. Poids de la dinde = ☐ kg ☐ g.

5 Répondez à la question suivante :

Jean pèse 34 kg et 600 g. Il pèse 800 g de plus que David.
Combien pèse David ?

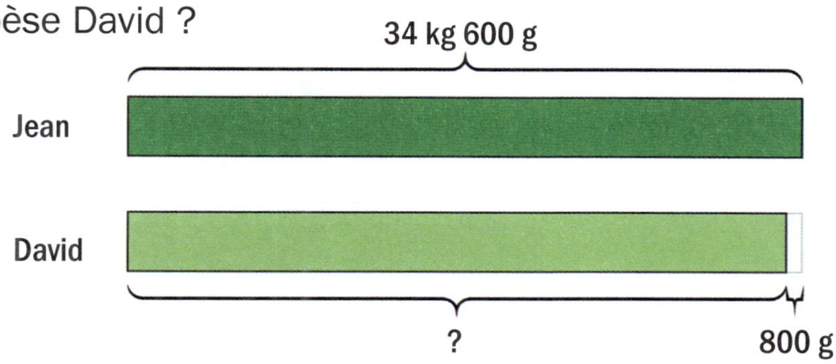

Poids de David = 34 kg et 600 g – 800 g

Poids de David = ☐ kg ☐ g.

6 Répondez aux questions suivantes :

L'oie pèse 3 kg et 200 g. Le canard pèse 1 kg et 800 g.

1. Quel est le poids total de l'oie et du canard ?
2. Quelle est la différence de poids entre l'oie et le canard ?

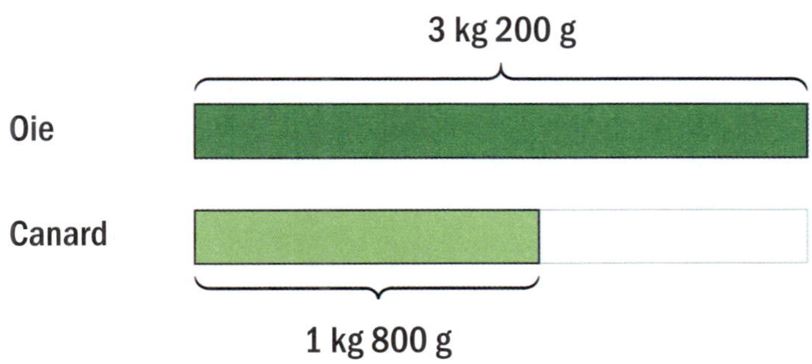

7 Répondez aux questions suivantes :

L'ananas pèse 2 kg et 50 g.
La noix de coco pèse 600 g de plus que l'ananas.

1. Combien pèse la noix de coco ?
2. Quel est le poids total des deux fruits ?

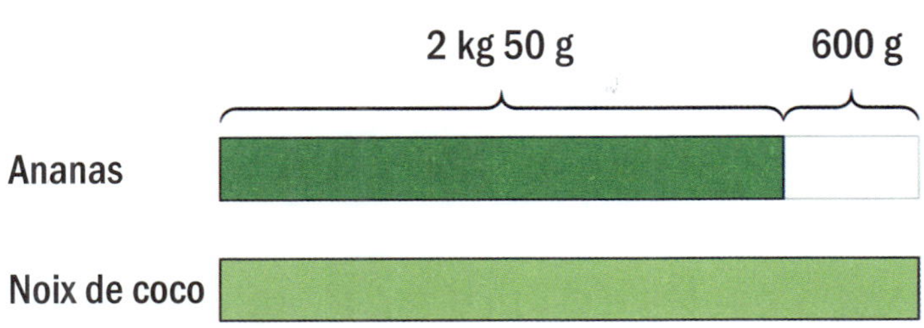

8 Répondez à la question suivante :

Le poids total d'un paquet de farine et d'un sachet de sel est de 2 kg et 400 g.
Si le paquet de farine pèse 1 kg et 950 g, combien pèse le sachet de sel ?

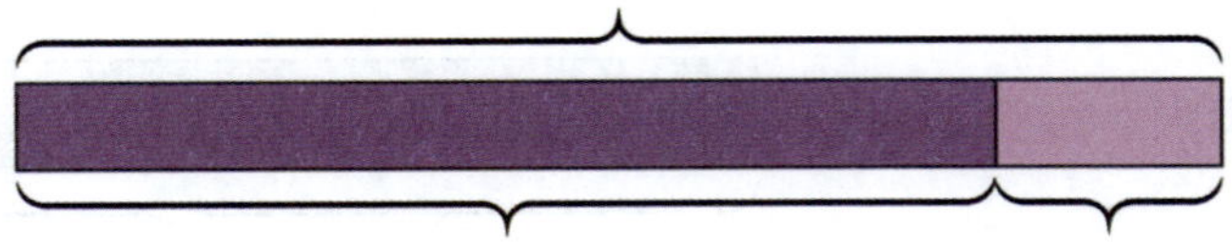

9 Répondez à la question suivante :

Le poids total d'un ballon de foot et de 10 balles de tennis est de 1 kg.
Si chaque balle de tennis pèse 60 g, combien pèse le ballon de foot ?

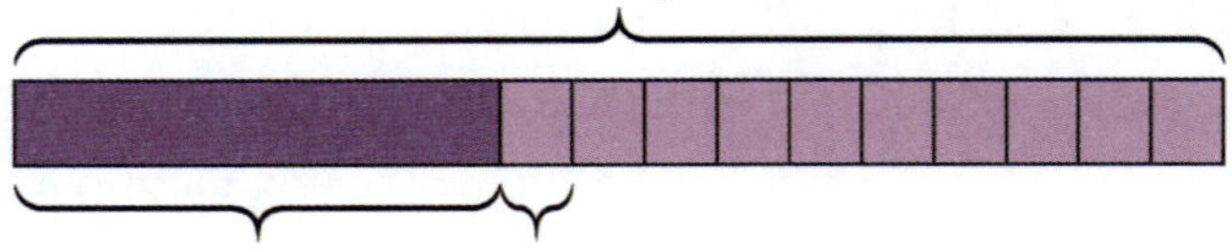

Poids de 10 balles de tennis = 60 x 10 g.

Poids de 10 balles de tennis = 600 g.

Poids d'un ballon de foot = 1 kg – 600 g.

= ___ kg ___ g.

10 Répondez à la question suivante :

Le poids total d'une bouteille d'huile et de 2 paquets de sucre est de 5 kg et 50 g.
Si chaque paquet de sucre pèse 2 kg, combien pèse la bouteille d'huile ?

Poids de 2 paquets de sucre = ___ kg.

Poids de la bouteille d'huile = ___ kg ___ g.

Cahier d'exercices B, Exercice 16.

Exercices 8B

1 Indiquez combien font, en grammes :

a 5 kg **b** 1 kg 950 g **c** 1 kg 60 g
d 2 kg 805 g **e** 2 kg 5 g **f** 3 kg 2 g

2 Indiquez combien font, en kilogrammes et grammes :

a 1 905 g **b** 1 055 g **c** 2 208 g
d 3 390 g **e** 3 599 g **f** 5 002 g

3 Faites l'addition ou la soustraction.

a 2 kg 940 g + 300 g **b** 3 kg 880 g + 1 kg 220 g
c 4 kg – 1 kg 480 g **d** 5 kg 20 g – 2 kg 450 g

4 Résolvez les problèmes suivants :

a 1. Trouvez le poids total des deux paquets.
2. Trouvez la différence de poids entre les deux paquets.

b À eux deux, Ali et Samuel pèsent 100 kg.
Si Ali pèse 46 kg et 540 g, combien pèse Samuel ?

c Christophe pèse 70 kg. Il est 5 fois plus lourd que son fils Thomas.
Combien est-ce que Christophe et Thomas pèsent à eux deux ?

d David pèse 39 kg. Hassan est deux fois plus lourd que David.
Paul pèse 27 kg de moins que Hassan.
Combien pèse Paul ?

Révision D

1 Trouvez le résultat des opérations suivantes :

a	499 + 42	507 + 3 593	3 084 + 63
b	750 – 145	1 806 – 82	7 009 – 5
c	53 x 7	156 x 5	407 x 4
d	87 ÷ 3	104 ÷ 8	324 ÷ 6

2 Résolvez les problèmes suivants :

a Un carton contient 24 boîtes de chocolat.
Mme Miam achète 8 cartons.
Combien a-t-elle acheté de boîtes de chocolat ?

b Les 5 gagnants d'un concours se partagent un prix de 450 €.
Combien reçoit chaque gagnant ?

c Pour fêter son anniversaire, Louise donne 7 bonbons à chacune de ses amies.
En tout, elle donne 140 bonbons.
À combien d'amies Louise a-t-elle donné des bonbons ?

d Samia possède 8 boîtes de perles vertes et jaunes.
Chaque coffret contient 46 perles mélangées.
Si Samia a 200 perles jaunes, combien a-t-elle de perles vertes ?

e Un carton contient 150 ampoules au départ de l'usine.
6 ampoules sont cassées pendant le transport.
Les ampoules restantes sont emballées dans des boîtes contenant 4 ampoules.
Combien obtient-on de boîtes d'ampoules ?

f M. Antilogus achète 3 cageots de prunes.
Le premier cageot contient 36 prunes.
Les deux autres cageots contiennent 54 prunes chacun.
Combien de prunes M. Antilogus a-t-il en tout ?

Révision E

1 Trouvez les nombres manquants.

a 5 m = ___ cm

b 4 m 8 cm = ___ cm

c 3 km 560 m = ___ m

d 4 km 5 m = ___ m

e 1 kg 40 g = ___ g

f 2 kg 80 g = ___ g

2 Trouvez les nombres manquants.

a 208 cm = ___ m ___ cm

b 320 cm = ___ m ___ cm

c 1 850 m = ___ km ___ m

d 2 004 m = ___ km ___ m

e 3 095 g = ___ kg ___ g

f 4 209 g = ___ kg ___ g

3 Faites l'addition ou la soustraction.

a 1 m 58 cm + 70 cm

b 2 m 95 cm + 2 m 45 cm

c 3 m – 2 m 35 cm

d 4 m 5 cm – 1 m 85 cm

4 Faites l'addition ou la soustraction.

a 5 km 690 m + 520 m

b 7 km 960 m + 2 km 240 m

c 9 km 420 m – 4 km 780 m

d 8 km 30 m – 3 km 480 m

5 Faites l'addition ou la soustraction.

a 4 kg 920 g + 125 g

b 3 kg 760 g + 4 kg 350 g

c 6 kg – 4 kg 820 g

d 4 kg 25 g – 2 kg 230 g

6 Résolvez les problèmes suivants :

1. Le poids total des fruits est de ___ g.
2. Si la pomme pèse 90 g,
quel est le poids total des 2 poires ?
3. Si les poires pèsent le même poids,
combien pèse chaque poire ?

Chapitre 9

Les contenances

1 - Les litres et les millilitres

Combien d'eau y a-t-il dans chacun de ces verres mesureurs ?

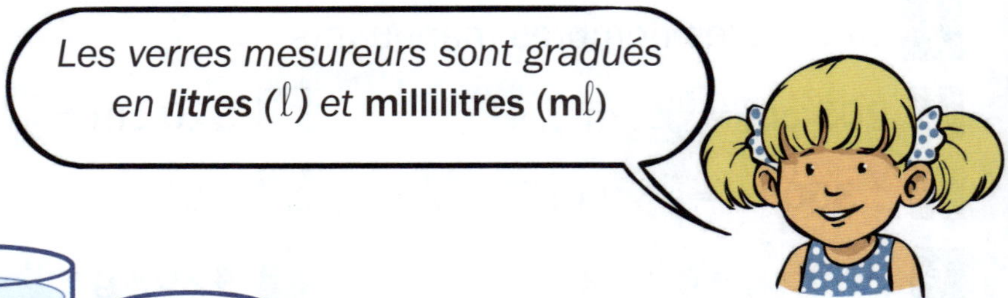

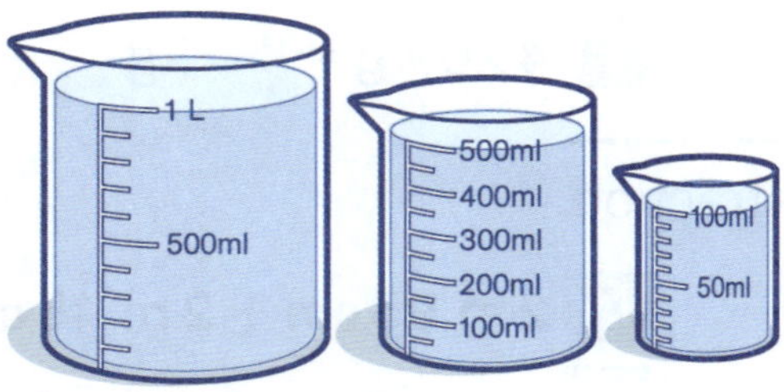

Quelle est la quantité d'eau totale, dans chaque ensemble de verres mesureurs ?

a

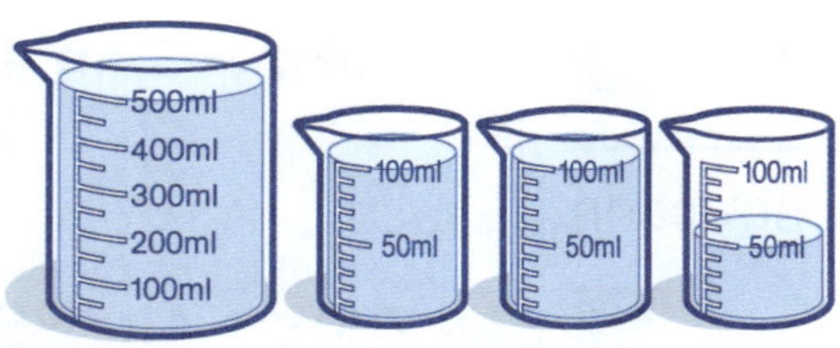

b

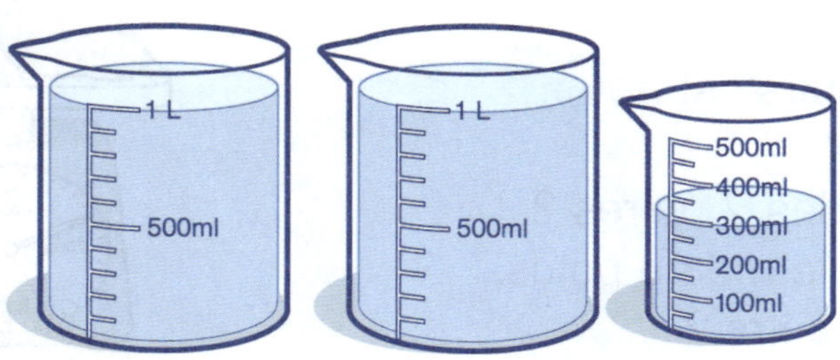

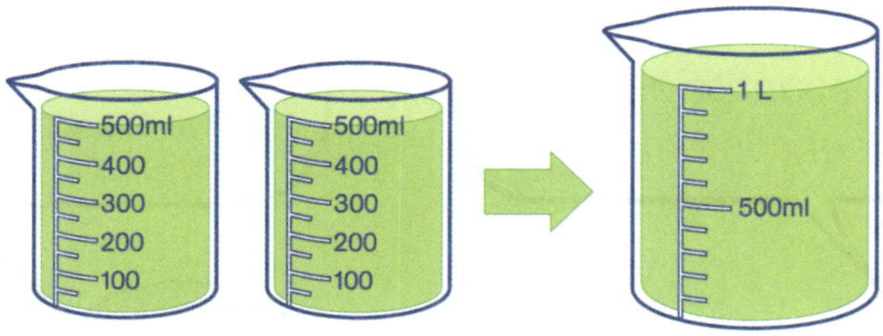

1 ℓ = 1 000 mℓ

1 Prenez des gobelets en plastique.

Combien remplissez-vous de gobelets avec 1 ℓ d'eau ?

2 Prenez un seau.

Quelle quantité d'eau vous faut-il pour le remplir ?

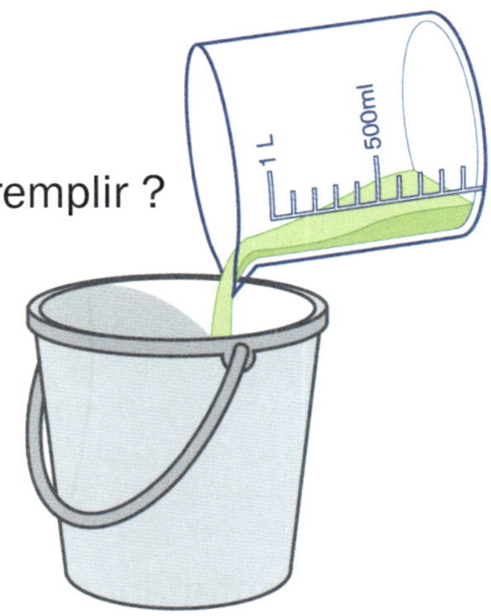

3 Ce bidon contient 2 ℓ d'eau.

Sa contenance est de ▢ litres.

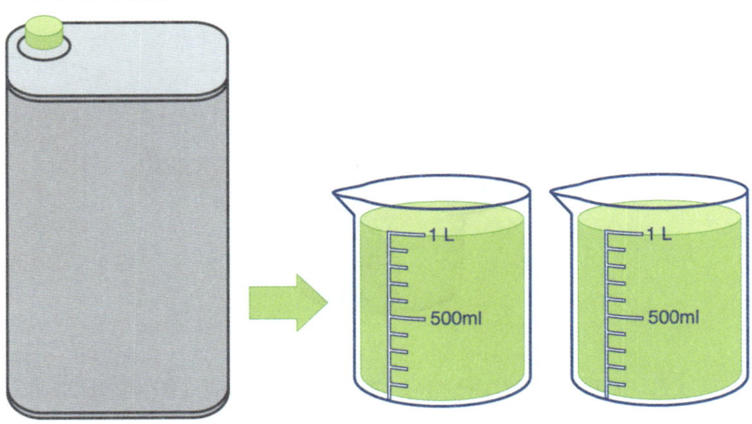

Cahier d'exercices B, Exercice 17.

4 Répondez aux questions :

a

La contenance de la tasse est de ___ mℓ.

b

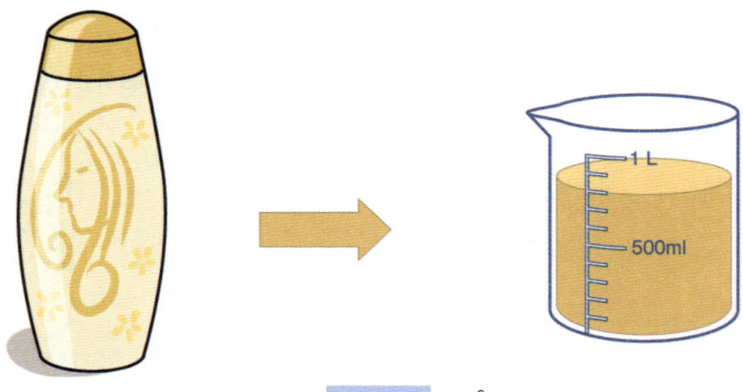

La contenance du flacon est de ___ mℓ.

c

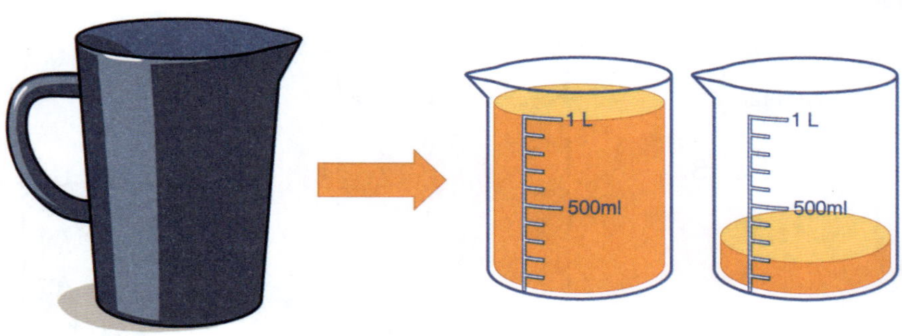

La contenance de la carafe est de ___ ℓ ___ mℓ.

5 Répondez aux questions suivantes :

1. Trouvez autour de vous une bouteille ayant une contenance de moins de 1 litre d'eau.
   Estimez, puis mesurez sa contenance.
2. Trouvez autour de vous une bouteille ayant une contenance de plus de 1 litre d'eau.
   Estimez, puis mesurez sa contenance.

Cahier d'exercices B, Exercices 18 et 19.

6 Quelle est la quantité d'eau totale dans ces deux verres mesureurs ?

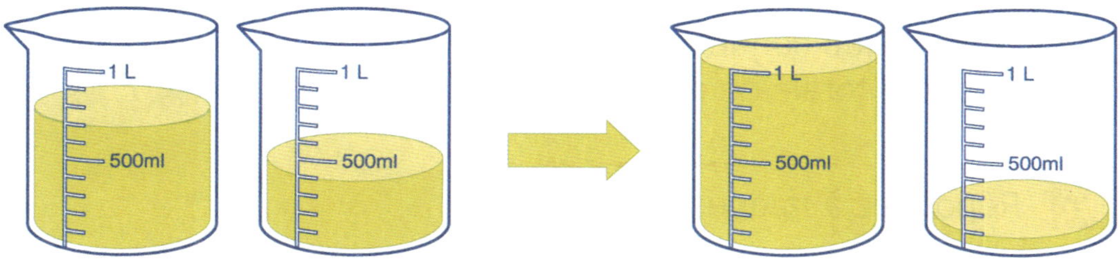

700 mℓ + 400 mℓ = ___ mℓ.

700 mℓ + 400 mℓ = ___ ℓ ___ mℓ.

7 Indiquez combien font 1 500 mℓ, en litres et millilitres :

1 500 mℓ = ___ ℓ ___ mℓ.

8 Indiquez combien font, en litres et millilitres :

a **1 200 mℓ** b **2 500 mℓ** c **2 050 mℓ**

d **1 005 mℓ** e **3 400 mℓ** f **3 105 mℓ**

9 Suivez les instructions suivantes :

1. Indiquez combien font 2 ℓ en millilitres. **2 ℓ = ___ mℓ**
2. Indiquez combien font 2 ℓ 350 mℓ en millilitres.

   2 ℓ 350 mℓ = ___ mℓ

10 Indiquez combien font, en millilitres :

a **1 ℓ 800 mℓ** **b** **1 ℓ 80 mℓ** **c** **1 ℓ 8 mℓ**

d **3 ℓ 25 mℓ** **e** **2 ℓ 5 mℓ** **f** **3 ℓ 500 mℓ**

11 Répondez à la question suivante :

Chaque brique contient 250 mℓ de lait.
La quantité totale de lait dans les 5 briques est de ___ ℓ ___ mℓ.

12 Répondez à la question suivante :

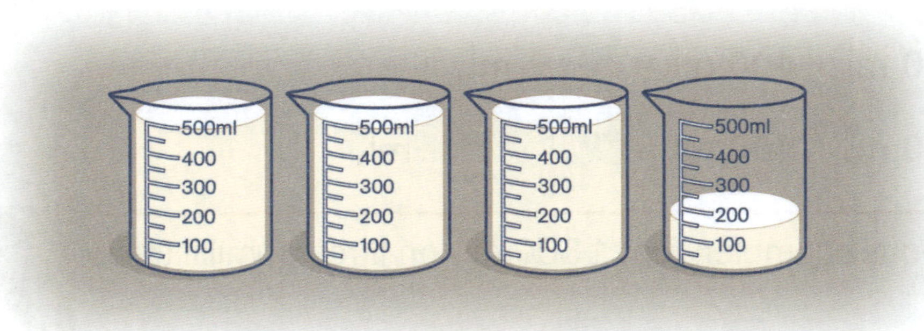

Combien de millilitres d'eau faut-il ajouter pour arriver à 2 litres ?

13 Répondez aux questions suivantes :

A

2 ℓ 40 mℓ

B

1 780 mℓ

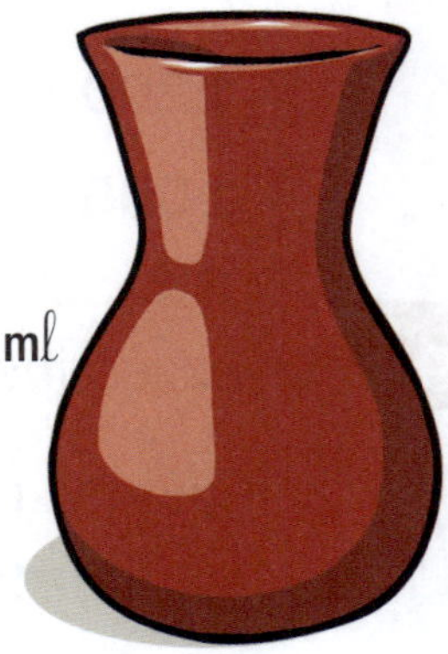

Quel récipient a la plus grande contenance ? de combien ?

Cahier d'exercices B, Exercices 20 et 21.

14 Résolvez le problème suivant :

A

1 ℓ 800 mℓ

B

3 ℓ 350 mℓ

a Quelle est la contenance totale des deux bidons ?

1 ℓ 800 mℓ —(+ 3 ℓ)→ 4 ℓ 800 mℓ —(+ 350 mℓ)→ 5 ℓ 150 mℓ

1 ℓ 800 mℓ + 3 ℓ 350 mℓ = ___ ℓ ___ mℓ

La contenance totale des deux bidons est de ___ ℓ ___ mℓ.

b Quelle est la différence de contenance entre les deux bidons ?

3 ℓ 350 mℓ —(− 1 ℓ)→ 2 ℓ 350 mℓ —(− 800 mℓ)→ 1 ℓ 550 mℓ

3 ℓ 350 mℓ − 1 ℓ 800 mℓ = ___ ℓ ___ mℓ

La différence de contenance entre les deux bidons est de ___ ℓ ___ mℓ.

Cahier d'exercices B, Exercices 22 et 23.

Exercices 9A

1 Indiquez combien font, en millilitres :

a 3 ℓ **b** 1 ℓ 200 mℓ **c** 2 ℓ 55 mℓ
d 2 ℓ 650 mℓ **e** 3 ℓ 65 mℓ **f** 4 ℓ 5 mℓ

2 Indiquez combien font, en litres et millilitres :

a 5 000 mℓ **b** 1 600 mℓ **c** 2 250 mℓ
d 3 205 mℓ **e** 2 074 mℓ **f** 1 009 mℓ

3 Entourez la bonne réponse.

a 1 ℓ représente plus que / la même quantité que / moins que 980 mℓ.

b 2 ℓ 50 mℓ représente plus que / la même quantité que / moins que 2 050 mℓ.

c 4 ℓ 8 mℓ représente plus que / la même quantité que / moins que 4 800 mℓ.

4 Faites l'addition ou la soustraction.

a 1 ℓ 500 mℓ + 500 mℓ **b** 2 ℓ 800 mℓ + 1 ℓ 200 mℓ
c 3 ℓ 100 mℓ + 750 mℓ **d** 5 ℓ 900 mℓ + 3 ℓ 240 mℓ
e 2 ℓ 800 mℓ – 1 ℓ 780 mℓ **f** 4 ℓ – 1 ℓ 850 mℓ
g 4 ℓ 80 mℓ – 1 ℓ 360 mℓ **h** 6 ℓ 5 mℓ – 2 ℓ 80 mℓ

5 Ce tableau donne les contenances de quatre récipients.

Récipient A	2 ℓ 375 mℓ
Récipient B	1 ℓ 750 mℓ
Récipient C	1 755 mℓ
Récipient D	2 150 mℓ

a Quel récipient a la plus grande contenance ?

b Quel récipient a la plus petite contenance ?

c Quelle est la contenance totale des 4 récipients ?

Exercices 9B

1 Résolvez les problèmes suivants :

a Le récipient A a une contenance de 2 ℓ 650 mℓ.
Le récipient B a une contenance de 5 ℓ 300 mℓ.
1. Quelle est la contenance totale des deux récipients ?
2. Combien d'eau le récipient B peut-il contenir de plus que le récipient A ?

b Le récipient X contient 2 ℓ 800 mℓ d'eau.
Le récipient Y contient 1 ℓ 600 mℓ d'eau de plus que le récipient X.
Quelle quantité d'eau le récipient Y contient-il ?

c Mme Morlay remplit un bidon en versant 9 bouteilles entières de jus d'orange.
Chaque bouteille contenait 2 ℓ de jus d'orange.
Quelle est la contenance totale du bidon ?

d Le seau de Marius a une contenance de 6 litres.
Marius doit vider 5 fois le seau pour remplir la citerne de ses parents.
Quelle est la contenance de la citerne des parents de Marius ?

e Une cuve a une contenance de 24 litres.
Combien faut-il de seaux de 3 ℓ d'eau pour remplir cette cuve ?

f Un bidon a une contenance de 8 ℓ.
Il contient 4 ℓ 650 mℓ d'eau.
Combien faut-il rajouter d'eau pour remplir le bidon ?

g M. Landry a acheté 6 pots de peinture.
Chaque pot contient 3 litres de peinture.
Après avoir repeint son appartement, il lui reste 2 ℓ 400 mℓ de peinture.
Combien a-t-il utilisé de peinture ?

Révision F

1 Trouvez le résultat des opérations suivantes :

a	895 + 5 037	6 409 + 399	2 846 + 754
b	1 436 – 437	3 002 – 78	5 362 – 26
c	77 x 4	73 x 9	123 x 5
d	900 ÷ 2	408 ÷ 3	518 ÷ 8

2 Résolvez les problèmes suivants :

a M. Mitron a gagné 504 € en vendant des tee-shirts 8 € pièce.
Combien a-t-il vendu de tee-shirts ?

b Mme Amar a dépensé 628 € pour acheter une télévision, et 1 485 € pour acheter un scooter. Il lui reste 515 €.
Combien d'argent avait-elle au départ ?

c Ali achète 4 paquets de biscuits.
Dans chaque boîte, il y a 12 biscuits au chocolat et 8 biscuits à la fraise.
En tout, combien Ali a-t-il acheté de biscuits ?

d M. Souchet a vendu 337 boîtes de chocolats le mois dernier.
Ce mois-ci, il a vendu 299 boîtes de chocolats de plus que le mois dernier.
Combien de boîtes de chocolats a-t-il vendues en tout, pendant ces deux mois ?

e Mme Miam achète 200 œufs pour faire des gâteaux.
Elle utilise 8 œufs pour chaque gâteau.
1. Combien a-t-elle fait de gâteaux ?
2. Si elle les vendait 10 € pièce, combien gagnerait-elle ?

Chapitre 10

Les graphiques

1 - Les graphiques en barres

Ce graphique en images indique le nombre de poissons pêchés par quatre garçons.

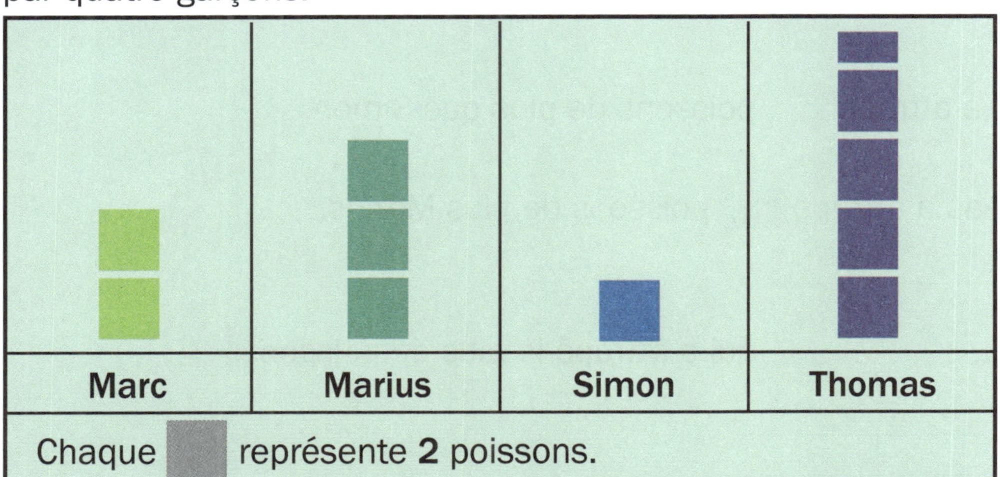

Combien de poissons chacun des garçons a-t-il pêchés ?

Ce **graphique en barres** donne les mêmes informations.

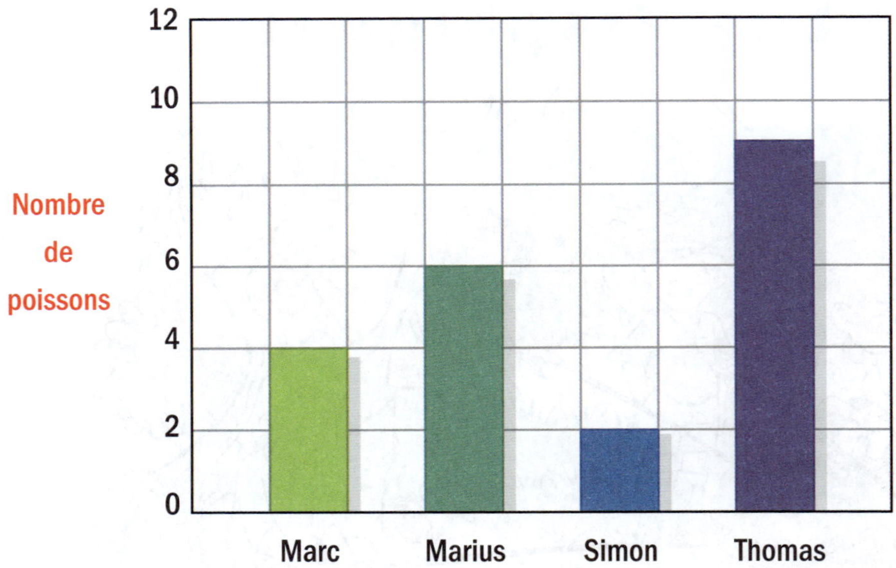

Marc a attrapé ☐ poissons.

Marius a attrapé ☐ poissons.

Simon a attrapé ☐ poissons.

Thomas a attrapé ☐ poissons.

Ils ont attrapé ☐ poissons en tout.

Marc a attrapé ☐ poissons de plus que Simon.

Thomas a attrapé ☐ poissons de plus Marius.

C'est ______ qui a attrapé le plus de poissons.

C'est ______ qui a attrapé le moins de poissons.

1 Ce graphique en barres indique les notes de Paul dans quatre matières.

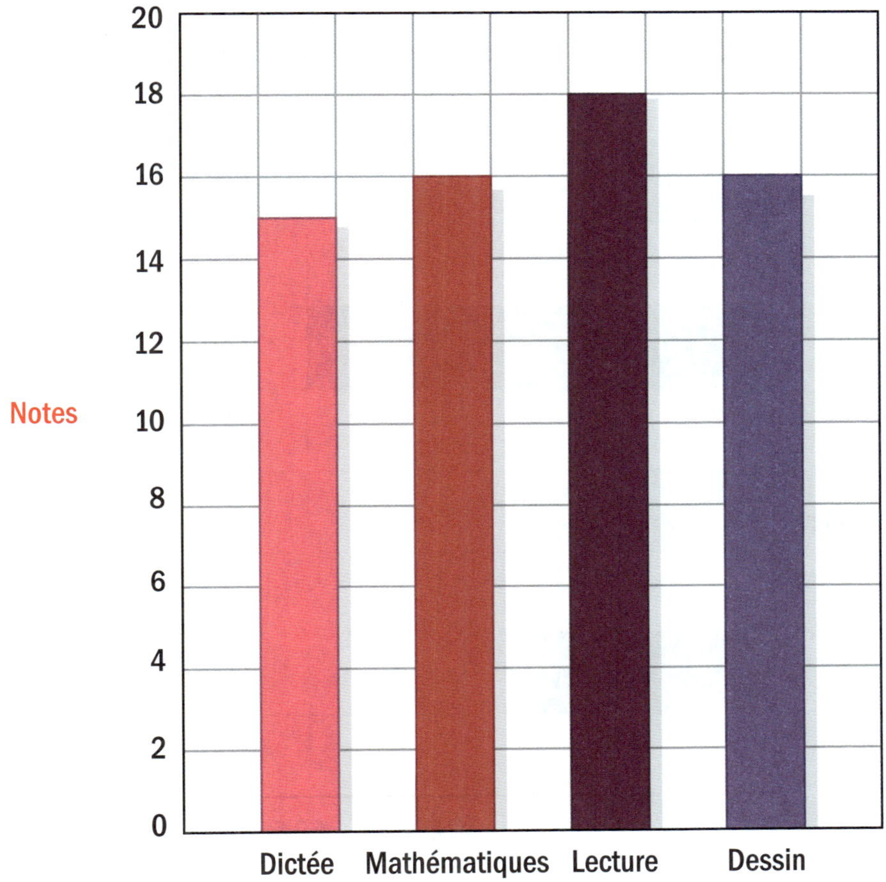

En vous servant des informations du graphique, répondez aux questions suivantes :

a Paul a eu ____ en dictée. **b** Il a eu ____ en mathématiques.

c Il a eu ____ points de plus en mathématiques qu'en dictée.

d Il a eu la même note en ____ et en ____.

e Il a eu 2 points de plus en ____ qu'en mathémathiques.

f Il a eu sa note la plus haute en ____.

g Il a eu sa note la plus basse en ____.

2 Ce graphique en barres indique combien d'argent la sœur d'Éva a économisé pendant quatre mois.

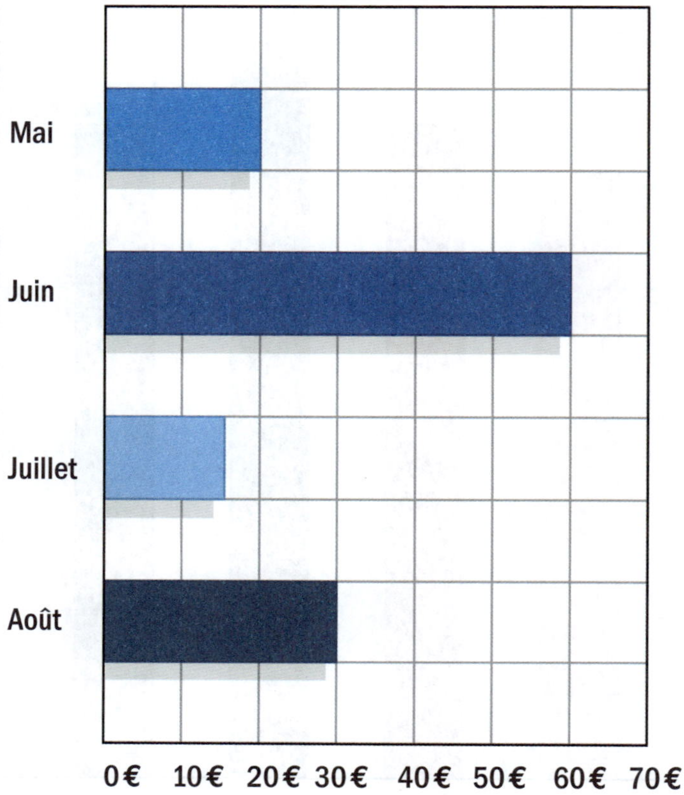

En vous servant des informations du graphique, répondez aux questions suivantes :

a Combien est-ce que la sœur d'Éva a économisé en mai ?

b Combien a-t-elle économisé de moins en mai par rapport à juin ?

c Quel est le mois où elle a économisé 15 € ?

d Quel est le mois où elle a le plus économisé ?

e Quel est le mois où elle a économisé deux fois plus qu'en août ?

f Combien a-t-elle économisé en tout pendant les quatre mois ?

Cahier d'exercices B, Exercice 24.

3 Ce graphique en barres indique le nombre de livres lus par cinq enfants en une année.

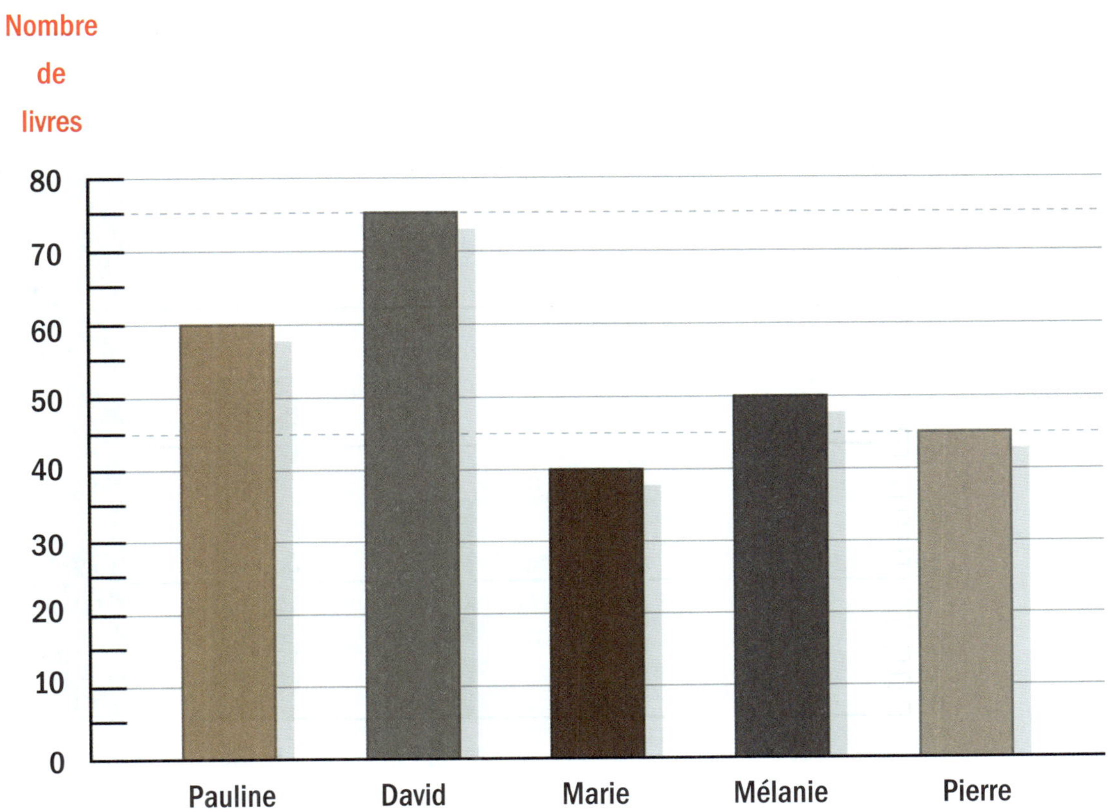

En vous servant des informations du graphique, répondez aux questions suivantes :

a Combien de livres a lus Pauline ?

b Combien de livres a lus David ?

c Combien de livres David a-t-il lus de plus que Mélanie ?

d Qui a lu 5 livres de moins que Mélanie ?

e Qui a lu le plus de livres ?

f Qui a lu le moins de livres ?

4 Ce graphique en barres indique le nombre de clients qui sont entrés dans la librairie, de lundi à vendredi dernier.

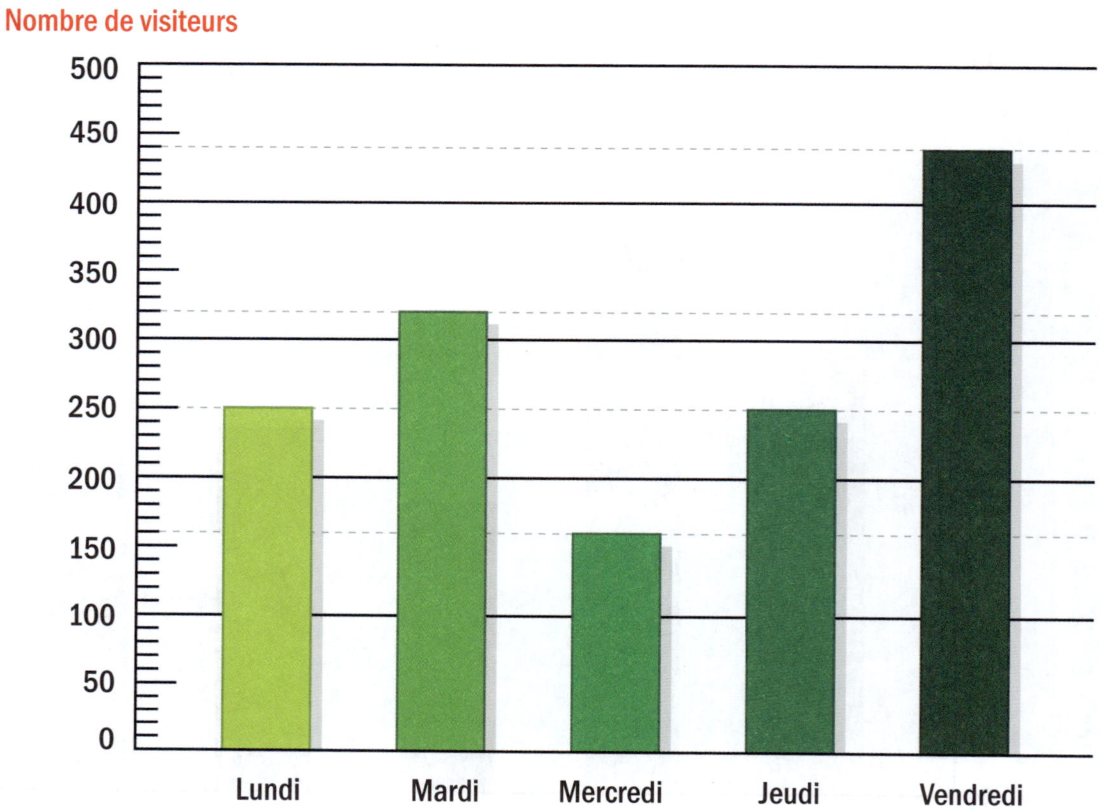

En vous servant des informations du graphique, répondez aux questions suivantes :

a Combien de visiteurs sont entrés dans la librairie mardi ?

b Combien de visiteurs de plus sont entrés dans la librairie vendredi, comparé à jeudi ?

c Quel est le jour où le nombre de visiteurs a été le plus bas ?

d Quel est le jour où sont venus autant de visiteurs que lundi ?

e Quel est le jour où sont venus deux fois plus de visiteurs que mercredi ?

f S'il y avait 200 adultes parmi les visiteurs mardi, combien y avait-il d'enfants ce jour-là ?

Cahier d'exercices B, Exercice 25.

Chapitre 11

Les fractions

1 - Les parts d'un entier

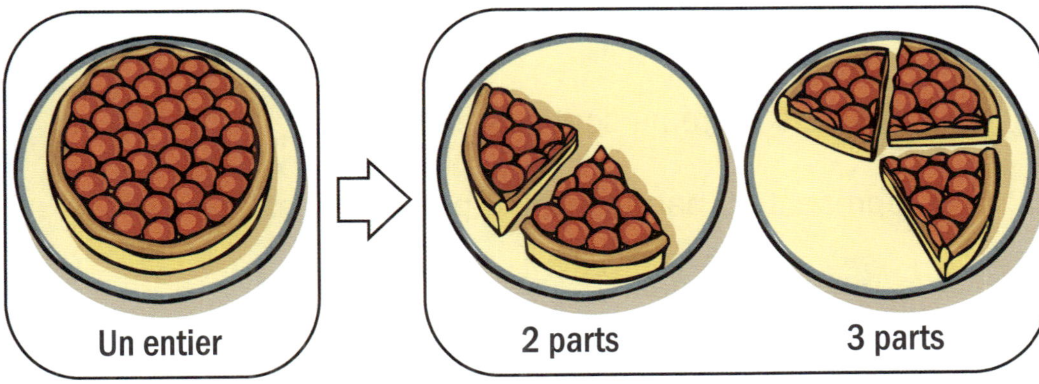

Combien y a-t-il de cinquièmes dans un entier ?

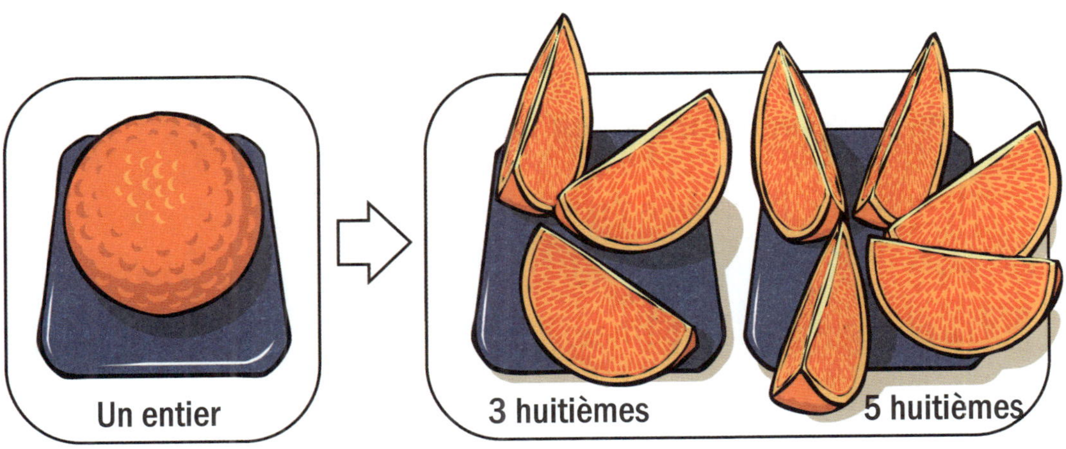

Combien y a-t-il de huitièmes dans un entier ?

1 Quels sont les nombres manquants ?

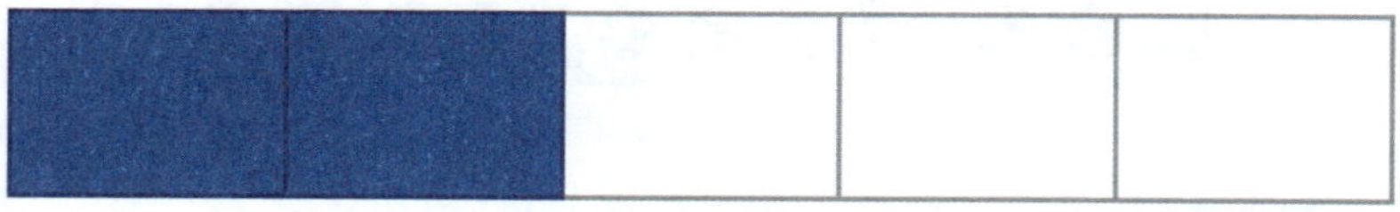

a Les $\frac{2}{5}$ de la barre sont en bleu.

$\frac{2}{5}$ représente 2 parts, parmi 5 parts égales.

$\frac{2}{5} = \square$ cinquièmes.

b Les $\frac{3}{5}$ de la barre ne sont pas en bleu.

$\frac{3}{5}$ représente 3 parts, parmi 5 parts égales.

$\frac{3}{5} = \square$ cinquièmes.

c 1 entier = $\square$ cinquièmes.

$1 = \frac{\square}{5}$

2 Quels sont les nombres manquants ?

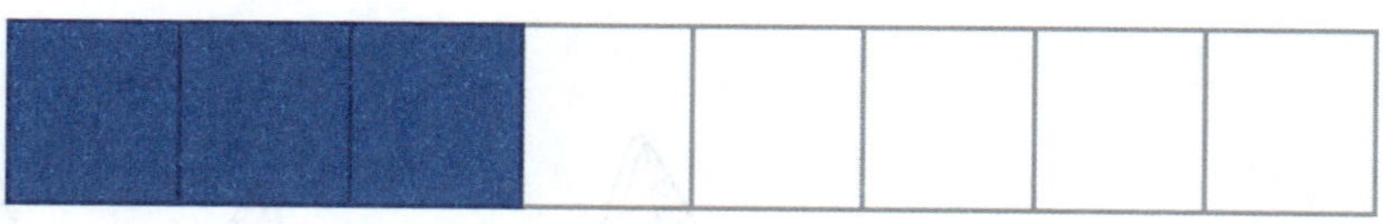

a Les $\frac{3}{8}$ de la barre sont en bleu.

Les $\frac{\square}{\square}$ de la barre ne sont pas en bleu.

b 1 entier = $\square$ huitièmes.

$1 = \frac{\square}{8}$

$\frac{3}{8}$ et $\frac{\square}{\square}$ font un entier.

3 Répondez aux questions suivantes :

La zone coloriée correspond à une ou plusieurs parts d'un entier.
À combien de parts correspondent les exemples suivants.

a

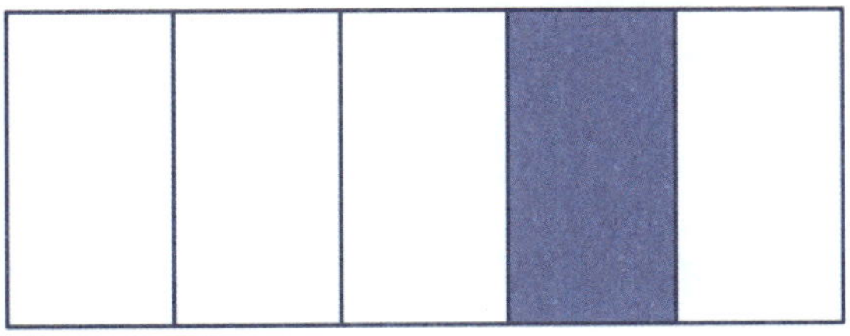

b

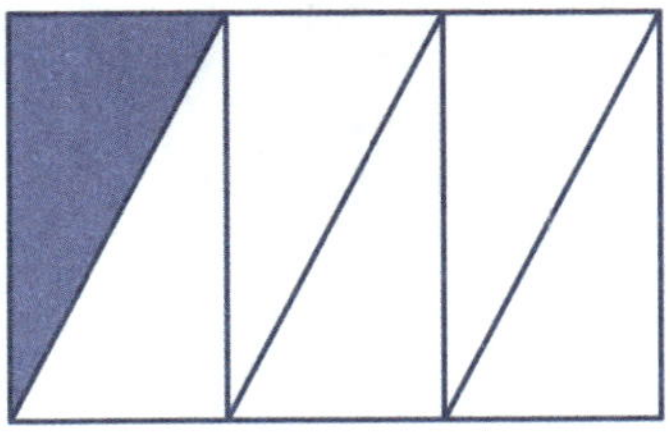

c

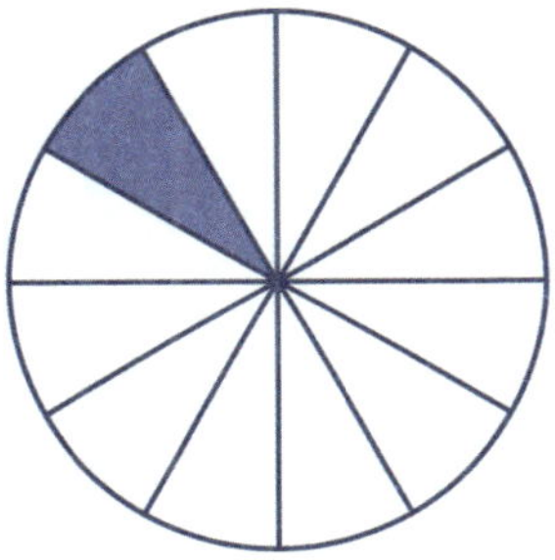

d

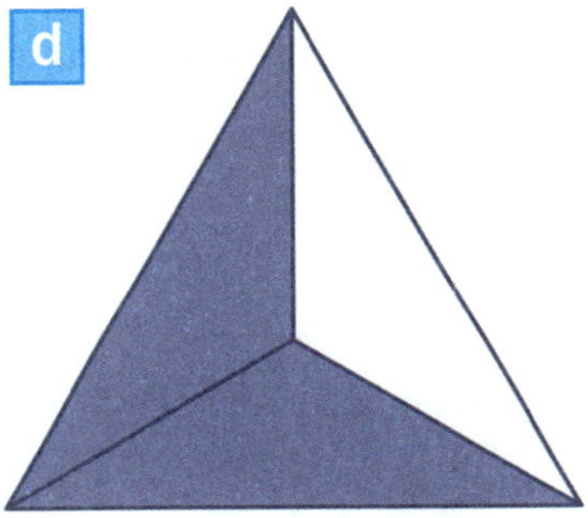

e

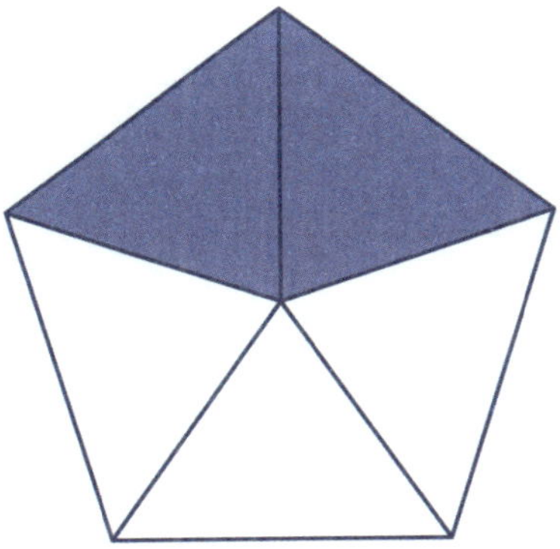

f

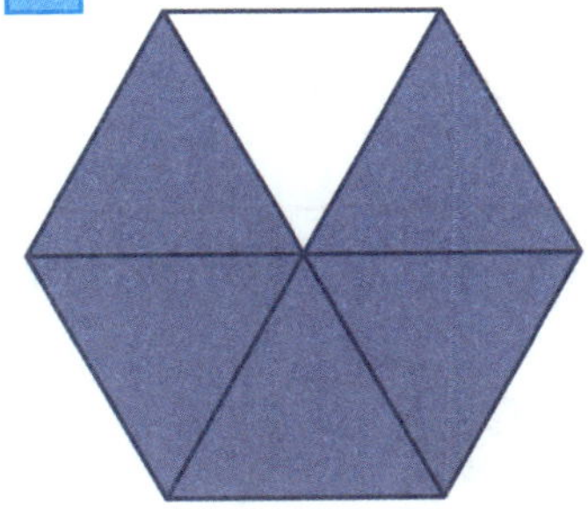

g

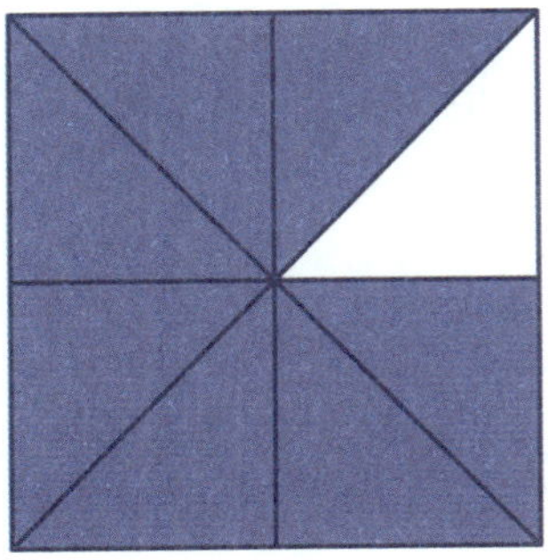

h

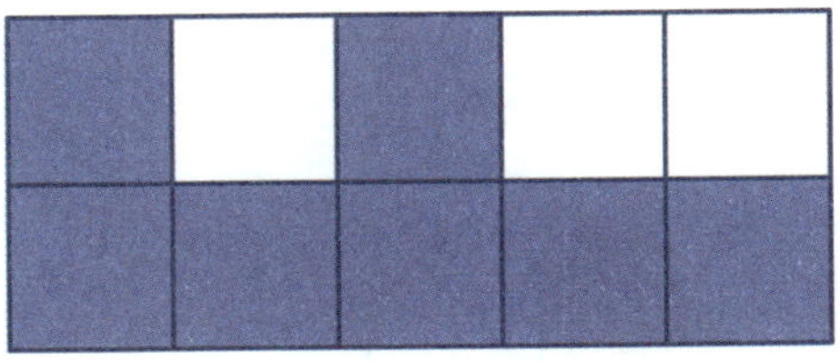

Cahier d'exercices B, Exercices 26 à 28.

4 Répondez aux questions suivantes :

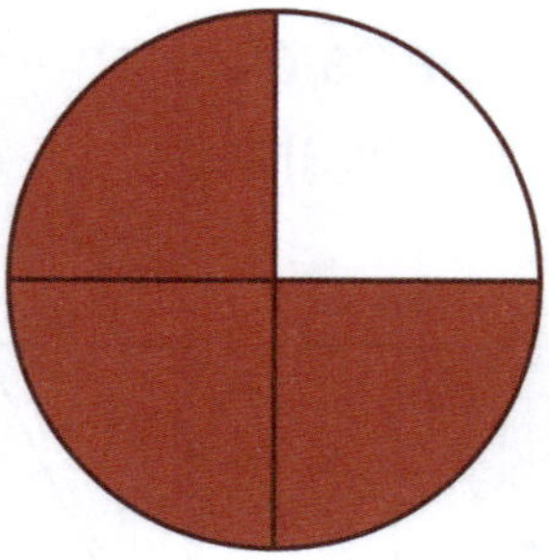

$\frac{3}{4}$ — 3 : numérateur ; 4 : dénominateur

Dans la fraction $\frac{3}{4}$, 3 est le numérateur, et 4 est le dénominateur.

Quel est le numérateur, et quel est le dénominateur dans les fractions suivantes ?

a $\frac{2}{5}$ b $\frac{4}{10}$ c $\frac{6}{7}$ d $\frac{6}{9}$

5 Quelle est la fraction qui a le plus de valeur, $\frac{1}{5}$ ou $\frac{1}{3}$?

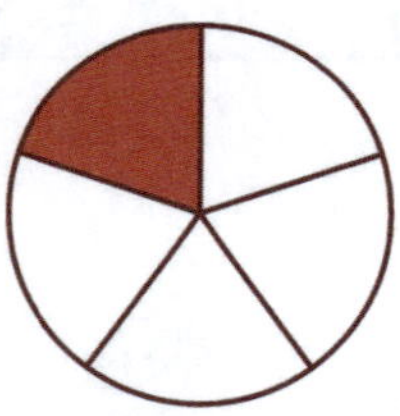

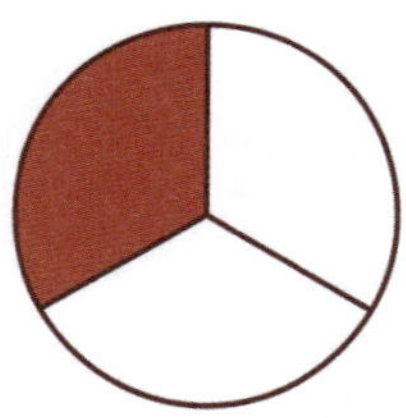

6 Quelle est la fraction qui a le plus de valeur, $\frac{3}{4}$ ou $\frac{3}{5}$?

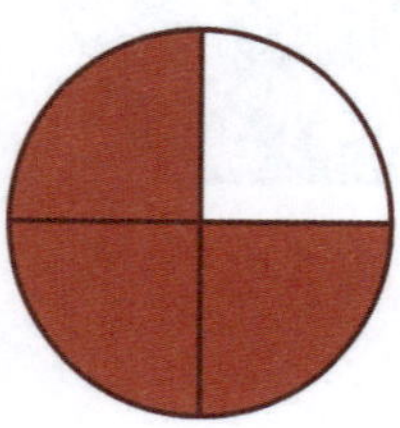

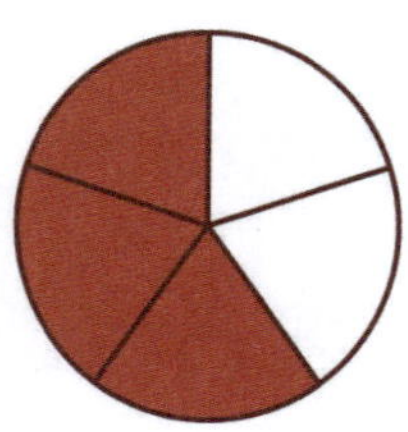

7 Quelle est la fraction qui a le plus de valeur, $\frac{3}{8}$ ou $\frac{5}{8}$?

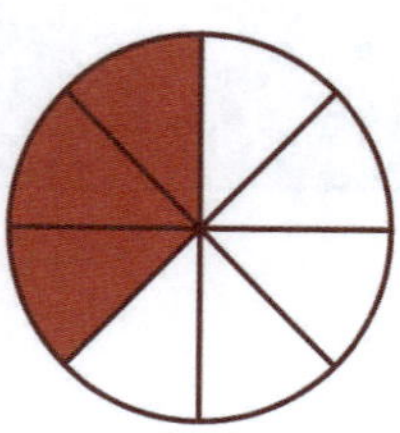

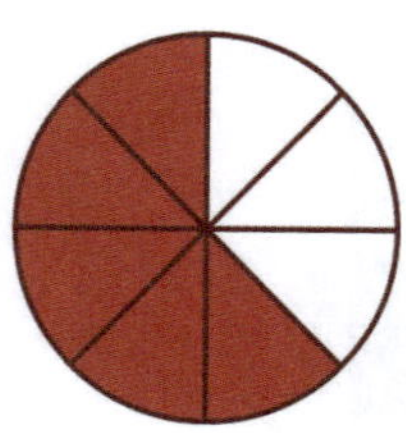

8 Quels sont les nombres manquants ?

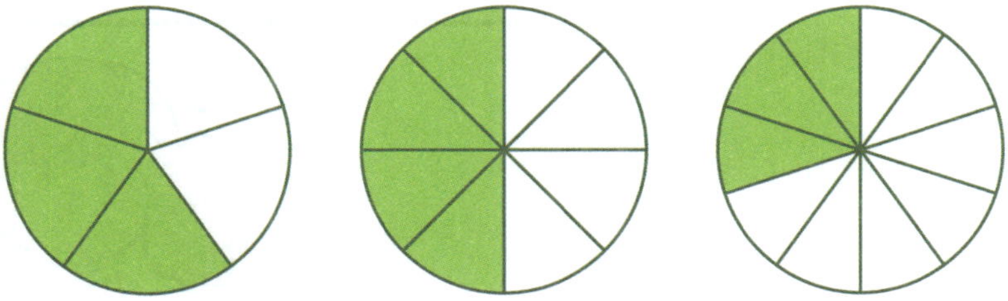

Les fractions $\frac{3}{5}$, $\frac{3}{6}$ et $\frac{3}{10}$ ont un numérateur commun.

La fraction qui a le moins de valeur est $\frac{\square}{\square}$.

La fraction qui a le plus de valeur est $\frac{\square}{\square}$.

9 Quels sont les nombres manquants ?

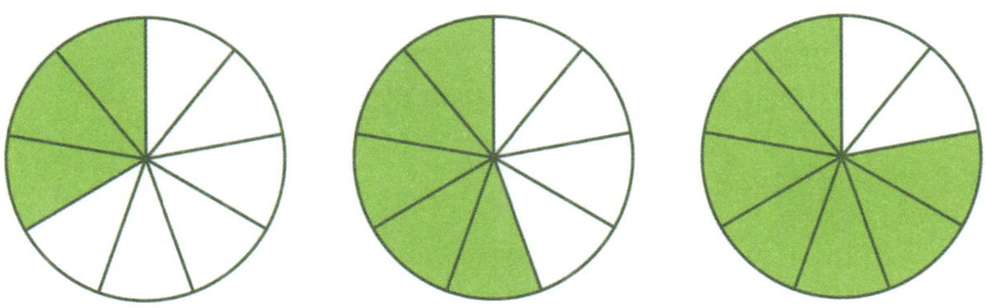

Les fractions $\frac{3}{9}$, $\frac{5}{9}$ et $\frac{7}{9}$ ont un dénominateur commun.

La fraction qui a le moins de valeur est $\frac{\square}{\square}$.

La fraction qui a le plus de valeur est $\frac{\square}{\square}$.

10 Rangez les fractions en ordre de grandeur, en commençant par celle qui a le moins de valeur.

a $\frac{1}{5}, \frac{1}{7}, \frac{1}{3}$ **b** $\frac{2}{7}, \frac{2}{3}, \frac{2}{9}$ **c** $\frac{5}{8}, \frac{7}{8}, \frac{4}{8}$ **d** $\frac{5}{12}, \frac{9}{12}, \frac{4}{12}$

Cahier d'exercices B, Exercices 29 et 30.

Exercices 11A

1 Trouvez les nombres manquants.

a $\frac{1}{4}$ et $\frac{}{}$, font un entier.

b $\frac{3}{10}$ et $\frac{}{}$, font un entier.

c $\frac{7}{12}$ et $\frac{}{}$, font un entier.

2 Dans ces fractions, quel nombre représente le numérateur ?

a $\frac{2}{3}$ **b** $\frac{6}{10}$ **c** $\frac{9}{12}$

3 Dans ces fractions, quel nombre représente le dénominateur ?

a $\frac{5}{8}$ **b** $\frac{4}{9}$ **c** $\frac{7}{10}$

4 Quelle est la fraction qui a le plus de valeur ?

a $\frac{2}{5}$ ou $\frac{4}{5}$ **b** $\frac{1}{4}$ ou $\frac{1}{6}$ **c** $\frac{3}{8}$ ou $\frac{3}{5}$

5 Quelle est la fraction qui a le moins de valeur ?

a $\frac{7}{10}$ ou $\frac{3}{10}$ **b** $\frac{1}{8}$ ou $\frac{1}{10}$ **c** $\frac{2}{9}$ ou $\frac{2}{3}$

6 Quelle est la fraction qui a le plus de valeur ?

a $\frac{4}{7}, \frac{1}{7}, \frac{5}{7}$ **b** $\frac{1}{4}, \frac{1}{2}, \frac{1}{5}$

7 Quelle est la fraction qui a le moins de valeur ?

a $\frac{5}{6}, \frac{1}{6}, \frac{4}{6}$ **b** $\frac{3}{9}, \frac{3}{5}, \frac{3}{10}$

2 - Les fractions de même valeur

Pliez un morceau de papier en deux parts égales.
Coloriez une des moitiés.

$\frac{1}{2}$ du papier est en couleurs.

Pliez de nouveau le papier.

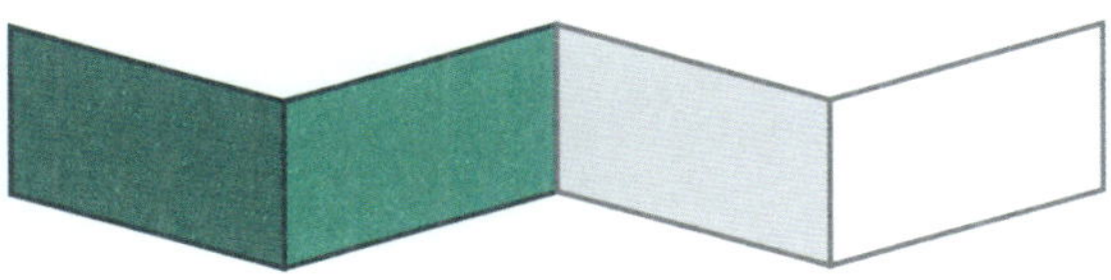

$\frac{2}{4}$ du papier sont en couleurs.

Pliez le papier, encore une fois.

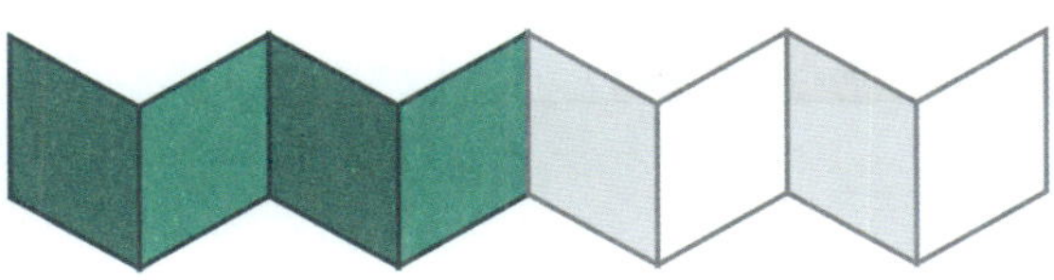

$\frac{4}{8}$ du papier sont en couleurs.

Les fractions $\frac{1}{2}$, $\frac{2}{4}$ et $\frac{4}{8}$ ont des numérateurs et des dénominateurs différents. Mais elles représentent la même chose.

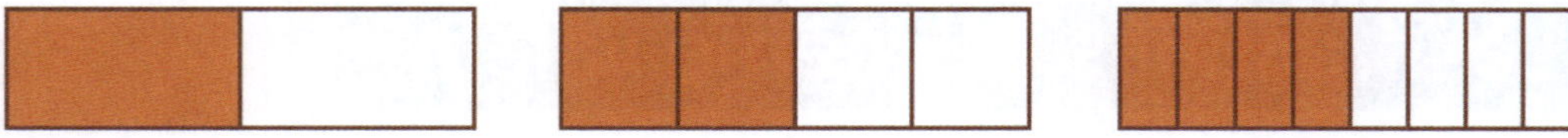

$$\frac{1}{2} = \frac{2}{4} = \frac{4}{8}$$

$\frac{1}{2}$, $\frac{2}{4}$ et $\frac{4}{8}$ sont des **fractions de même valeur**.

1 Quels sont les nombres manquants ?

Les $\frac{2}{3}$ de la barre sont en orange.

a $\frac{2}{3} = \frac{?}{6}$

b $\frac{2}{3} = \frac{?}{9}$

c $\frac{2}{3} = \frac{?}{12}$

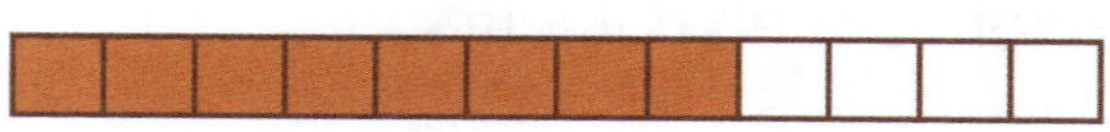

d Donnez d'autres fractions de même valeur que $\frac{2}{3}$.

2 Quels sont les numérateurs et les dénominateurs manquants ?

a

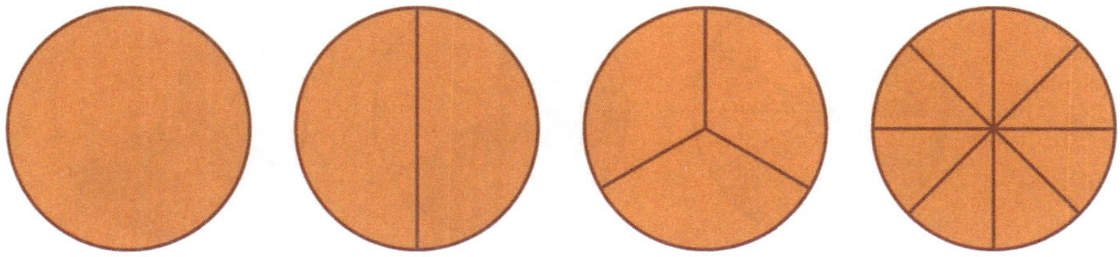

$$1 = \frac{\square}{2} = \frac{3}{\square} = \frac{\square}{\square}$$

b

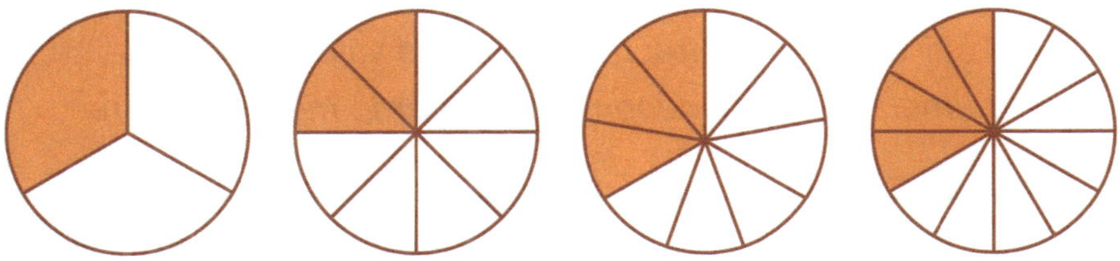

$$\frac{1}{3} = \frac{\square}{6} = \frac{3}{\square} = \frac{\square}{\square}$$

Pour trouver une fraction de même valeur, multipliez le numérateur et le dénominateur par le même nombre.

$$\frac{1}{3} \overset{\times 2}{=} \frac{\square}{6} \qquad \frac{1}{3} \overset{\times 3}{=} \frac{3}{\square}$$

(x 2 au numérateur et x 2 au dénominateur ; x 3 au numérateur et x 3 au dénominateur)

3 Quels sont les numérateurs et les dénominateurs manquants ?

a $\frac{1}{4} = \frac{\square}{12}$ **b** $\frac{2}{3} = \frac{\square}{12}$ **c** $\frac{1}{5} = \frac{\square}{10}$

d $\frac{1}{6} = \frac{3}{\square}$ **e** $\frac{3}{5} = \frac{6}{\square}$ **f** $\frac{3}{4} = \frac{6}{\square}$

Cahier d'exercices B, Exercices 31 et 32.

4 Quels sont les numérateurs et les dénominateurs manquants ?

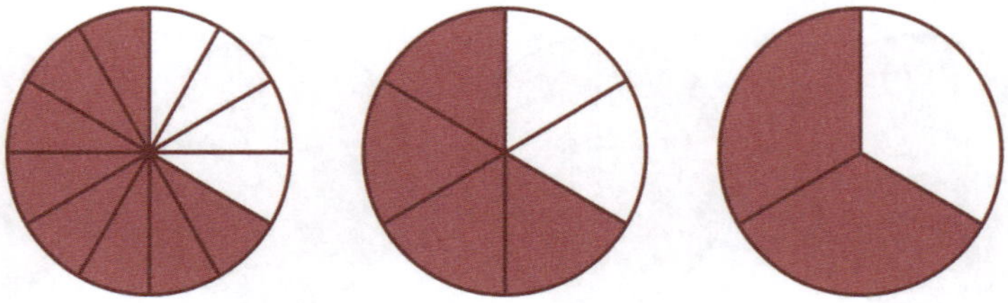

$$\frac{8}{12} = \frac{\square}{6} = \frac{2}{\square}$$

Pour trouver une fraction de même valeur, divisez le numérateur et le dénominateur par le même nombre.

$$\frac{8}{12} \overset{\div 2}{=} \frac{\square}{6} \qquad (\div 2)$$

$$\frac{8}{12} \overset{\div 4}{=} \frac{2}{\square} \qquad (\div 4)$$

5 Trouvez le numérateur et le dénominateur manquants.

a $\frac{8}{10} = \frac{\square}{5}$ **b** $\frac{4}{8} = \frac{\square}{2}$ **c** $\frac{6}{9} = \frac{\square}{3}$

d $\frac{6}{9} = \frac{2}{\square}$ **e** $\frac{9}{12} = \frac{3}{\square}$ **f** $\frac{10}{12} = \frac{5}{\square}$

Cahier d'exercices B, Exercice 33.

6 Complétez cette série de fractions de même valeur que $\frac{6}{12}$.

$\frac{6}{12} = \frac{3}{\square}$ $\frac{6}{12} = \frac{2}{\square}$ $\frac{6}{12} = \frac{1}{\square}$

La plus simple fraction de même valeur que $\frac{6}{12}$ est $\frac{\square}{\square}$.

7 Donnez la forme la plus simple de chacune des fractions suivantes.

a $\frac{2}{4}$ **b** $\frac{6}{8}$ **c** $\frac{5}{10}$ **d** $\frac{3}{9}$

e $\frac{4}{12}$ **f** $\frac{4}{6}$ **g** $\frac{10}{12}$ **h** $\frac{6}{10}$

Cahier d'exercices B, Exercice 34.

8 Quelle est la fraction qui a le plus de valeur, $\frac{3}{4}$ ou $\frac{5}{8}$?

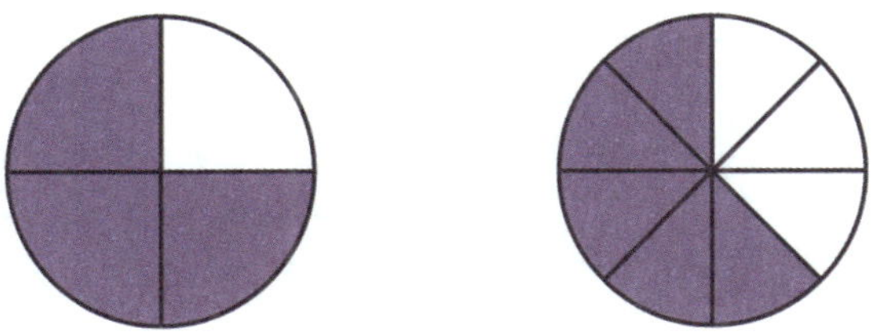

9 Quelle est la fraction qui a le plus de valeur $\frac{2}{5}$ ou $\frac{7}{10}$?

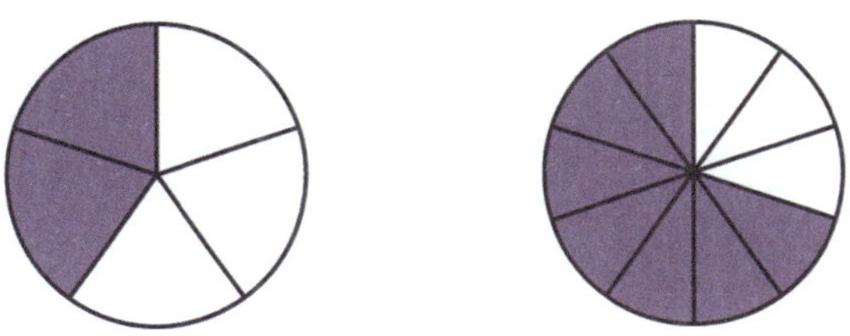

10 Quelle est la fraction qui a le plus de valeur ?

a $\frac{2}{3}, \frac{5}{6}$ **b** $\frac{3}{8}, \frac{1}{2}$ **c** $\frac{3}{5}, \frac{4}{7}$

11 Quelle est la fraction qui a le moins de valeur ?

a $\frac{4}{5}, \frac{7}{10}$ **b** $\frac{11}{12}, \frac{5}{6}$ **c** $\frac{2}{3}, \frac{3}{5}$

12 Rangez les fractions en ordre de grandeur, en commençant par celle qui a le moins de valeur.

a $\frac{5}{8}, \frac{1}{2}, \frac{3}{4}$ **b** $\frac{3}{10}, \frac{3}{5}, \frac{2}{5}$

Cahier d'exercices B, Exercice 35.

Exercices 11B

1 Trouvez le numérateur manquant.

a $\frac{1}{4} = \frac{\square}{8}$

b $\frac{3}{5} = \frac{\square}{15}$

c $\frac{1}{3} = \frac{\square}{6} = \frac{\square}{9}$

d $\frac{4}{10} = \frac{\square}{5}$

e $\frac{6}{9} = \frac{\square}{3}$

f $\frac{1}{2} = \frac{\square}{4} = \frac{\square}{6}$

2 Trouvez le dénominateur manquant.

a $\frac{2}{5} = \frac{4}{\square}$

b $\frac{3}{4} = \frac{9}{\square}$

c $\frac{2}{3} = \frac{4}{\square} = \frac{6}{\square}$

d $\frac{6}{12} = \frac{1}{\square}$

e $\frac{6}{8} = \frac{3}{\square}$

f $\frac{1}{2} = \frac{3}{\square} = \frac{5}{\square}$

3 Entourez la fraction qui a le plus de valeur.

a $\frac{3}{10}, \frac{7}{10}$

b $\frac{5}{6}, \frac{9}{12}$

c $\frac{10}{12}, \frac{4}{5}$

d $\frac{1}{2}, \frac{5}{6}$

e $\frac{3}{4}, \frac{2}{3}$

f $\frac{3}{5}, \frac{5}{8}$

4 Rangez les fractions en ordre de grandeur, en commençant par celle qui a le moins de valeur.

a $\frac{3}{7}, \frac{1}{7}, \frac{5}{7}$

b $\frac{1}{5}, \frac{1}{2}, \frac{1}{10}$

c $\frac{2}{3}, \frac{1}{2}, \frac{5}{6}$

d $\frac{2}{3}, \frac{1}{4}, \frac{5}{12}$

5 Résolvez le problème suivant :

Mélanie a mangé $\frac{2}{6}$ de tarte. Sophie en a mangé $\frac{1}{2}$.

Laquelle des deux a mangé le plus de tarte ?

Révision G

1 Écrivez ces nombres en chiffres :

a Neuf mille deux cent dix.

b Quatre mille soixante.

2 Écrivez ces nombres en lettres :

a 6 204

b 3 540

c 5 028

3 Quel nombre représente 100 de moins que 4 000 ?

4 Rangez ces nombres dans l'ordre, en commençant par le plus petit.

a 4 104, 4 014, 4 041, 4 410

b 2 211, 1 112, 2 111, 2 121

5 Trouvez le produit de 125 et 8.

6 Trouvez le quotient et le reste quand on divise 500 par 8.

7 Quel nombre faut-il soustraire de 55 pour obtenir 44 ?

8 Résolvez le problème suivant :

Combien de billets de 10 € peut-on avoir en échange d'un billet de 200 € ?
Combien de pièces de 5 c peut-on avoir en échange de 1,50 € ?

9 Trouvez le dénominateur manquant.

a $\frac{1}{4} = \frac{\square}{12}$

b $\frac{2}{3} = \frac{6}{\square}$

c $\frac{8}{10} = \frac{4}{\square}$

10 Entourez la fraction qui a le moins de valeur.

a $\frac{1}{3}, \frac{1}{4}$

b $\frac{2}{7}, \frac{4}{7}$

c $\frac{10}{10}, \frac{11}{12}$

d $\frac{3}{6}, \frac{5}{8}$

e $\frac{2}{5}, \frac{3}{8}$

f $\frac{3}{7}, \frac{2}{5}$

11 Trouvez les nombres manquants.

a **4 m 20 cm = ____ cm**

b **205 cm = ____ m ____ cm**

c **2 km 95 m = ____ m**

d **1 600 m = ____ km ____ m**

e **1 kg 40 g = ____ g**

f **2 525 g = ____ kg ____ g**

g **4 ℓ 80 ml = ____ ml**

h **2 525 ml = ____ ℓ ____ ml**

12 Résolvez les problèmes suivants :

a Hassan achète 6 belles poires.
Il donne un billet de 5 € à la caisse.
Combien Hassan reçoit-il de monnaie ?

b Une raquette de badminton coûte 9,60 €.
Une raquette de tennis coûte 38,40 €.
Combien la raquette de tennis coûte-t-elle de plus que la raquette de badminton ?

c Ce pot contient 1 ℓ de glace.
Pierre et sa sœur en mangent 325 ml.
Combien de glace reste-t-il dans le pot ?

d Sarah achète 10 mini-briques de lait.
Chaque mini-brique contient 125 ml de lait.
Quelle quantité totale de lait Sarah a-t-elle achetée, en litres et millilitres ?

e Matthieu a dépensé $\frac{4}{9}$ de son argent de poche et économisé le reste.
Quelle part de son argent de poche a-t-il économisée ?

f Arthur a dépensé $\frac{3}{7}$ de son argent de poche pour acheter un livre et le reste pour acheter une trousse.
Quelle part de son argent a-t-il dépensée pour acheter sa trousse ?

Chapitre 12

Le temps

1 - Les heures et les minutes

8 h 20 **8 h 35**

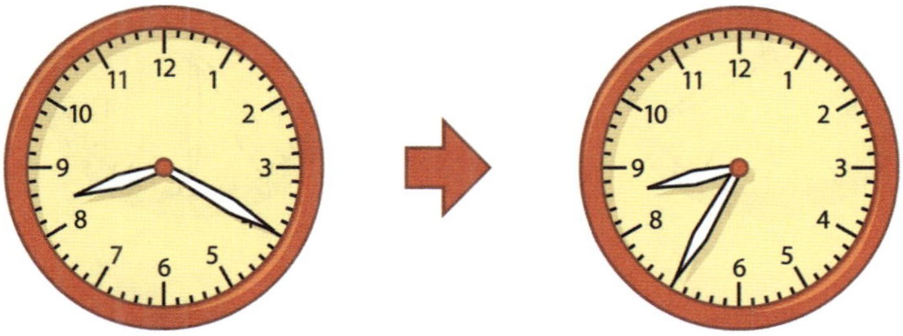

8 heures 20 minutes 8 heures 35 minutes

David commence à courir à 8 h 20 min du matin.
Il court 3 km.
Il s'arrête à 8 h 35 min.
Il a donc mis 15 minutes pour courir 3 km.

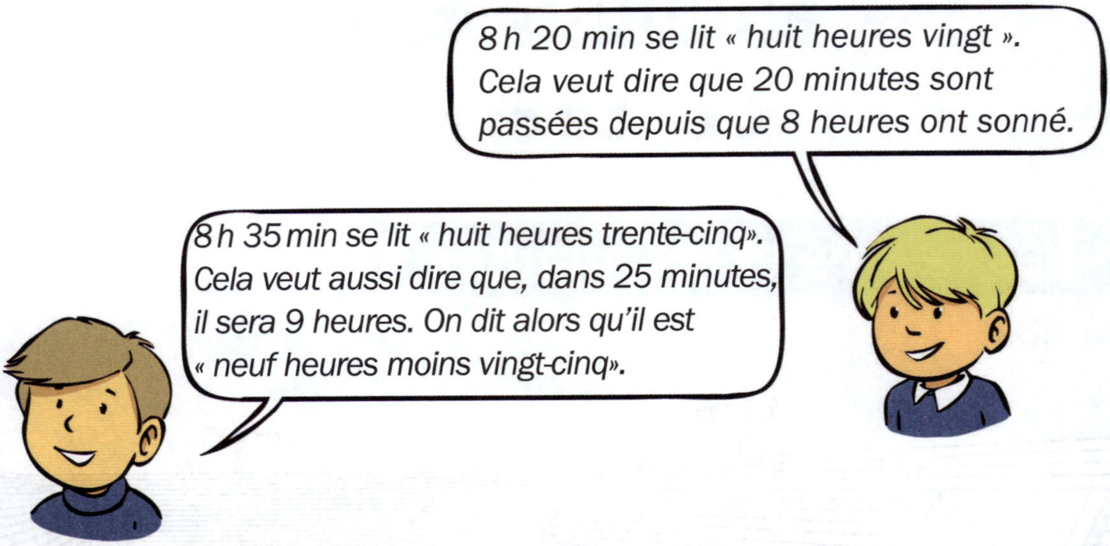

1 Faites une expérience : combien de fois pouvez-vous écrire votre nom en une minute ?

2 Quelle heure est-il ?

a

b

c

d

e

f

Cahier d'exercices B, Exercice 36.

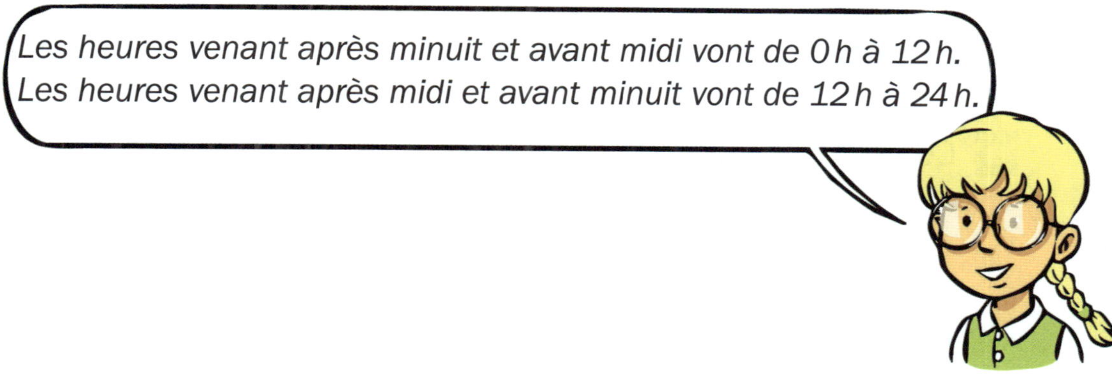

3 À quelle heure correspond 9 h 30 min, passées de 25 minutes ?

4 Combien de minutes y a-t-il dans une heure ?

5 Répondez aux questions suivantes :

a Combien de **minutes** y a-t-il entre 13 h 15 min et 13 h 42 min ?

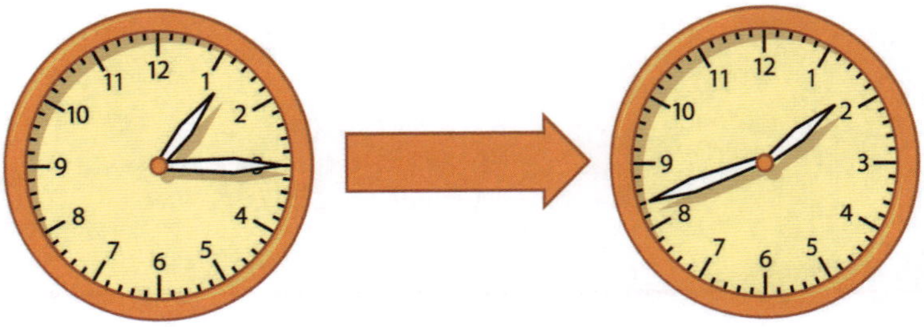

b Combien d'**heures** y a-t-il entre 15 h 18 min et 20 h 18 min ?

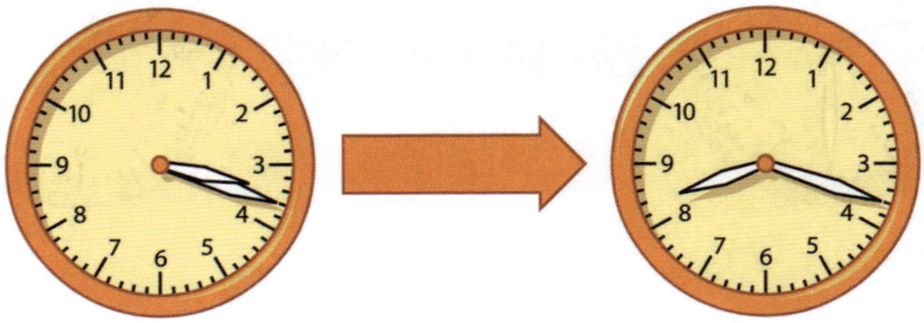

c Combien de temps s'écoule entre 9 h 15 min et 11 h 30 min ?

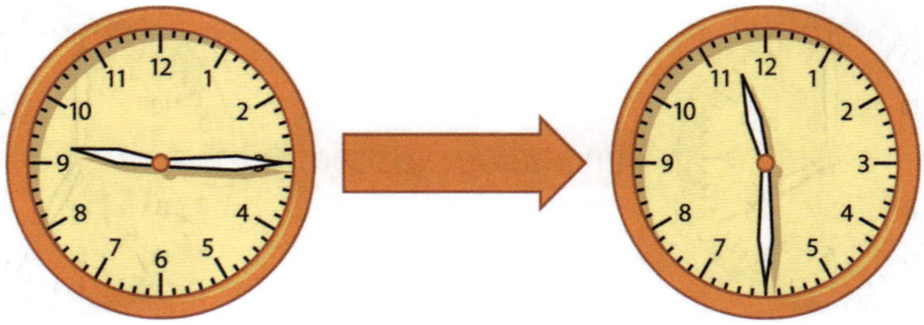

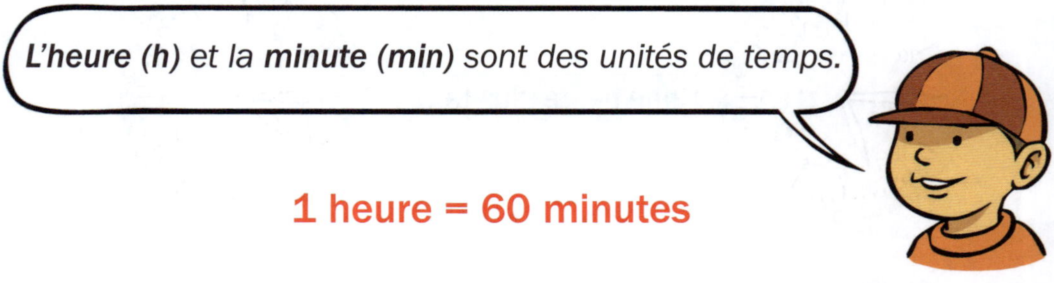

1 heure = 60 minutes

Cahier d'exercices B, Exercice 37.

6 Répondez aux questions suivantes :

Ce tableau indique le temps qu'ont mis 3 enfants pour peindre un tableau.
1. Qui a mis le plus de temps ?
2. Qui a mis le moins de temps ?

Nom	Temps
Ali	1 h 15 min
Jeanne	2 h 5 min
Sophie	1 h 20 min

7 Résolvez le problème suivant :

Marie a mis 1 h 35 min pour terminer un puzzle. Combien cela fait-il, en minutes ?

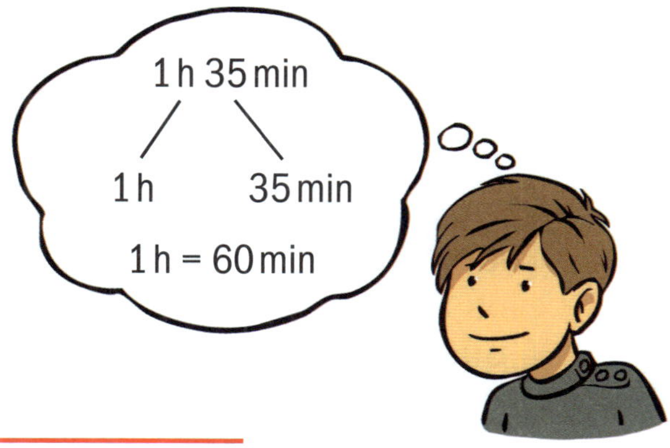

1 h 35 min = ____ min

8 Remplacez par la même durée en minutes.

- a **2 h**
- b **2 h 10 min**
- c **2 h 45 min**
- d **3 h**
- e **3 h 5 min**
- f **3 h 15 min**

9 Résolvez le problème suivant :

Mme Landry a cousu 4 paires de rideaux.
Elle a mis 50 minutes pour coudre chaque paire de rideaux.
Combien de temps a-t-elle mis, en heures et minutes ?

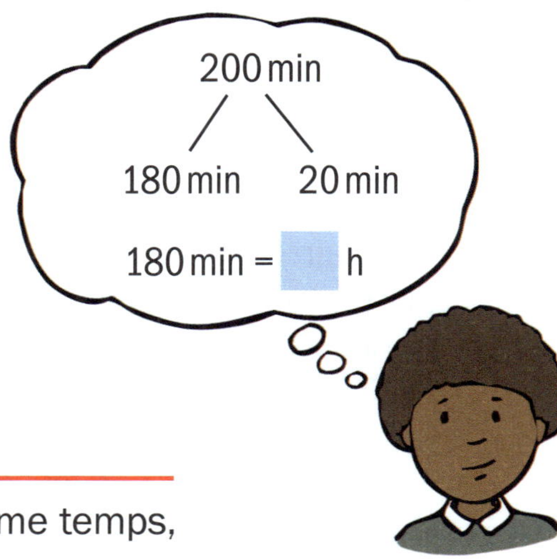

1 h 35 min = ____ min

10 Remplacez ces durées par le même temps, compté en heures et minutes.

- a **75 min**
- b **85 min**
- c **100 min**
- d **125 min**
- e **160 min**
- f **210 min**

Cahier d'exercices B, Exercice 38.

11 Résolvez le problème suivant :

Un avion part de Paris à 8 h du matin.
Il arrive à Strasbourg à 9 h 5 min.
Combien de temps a duré le vol ?

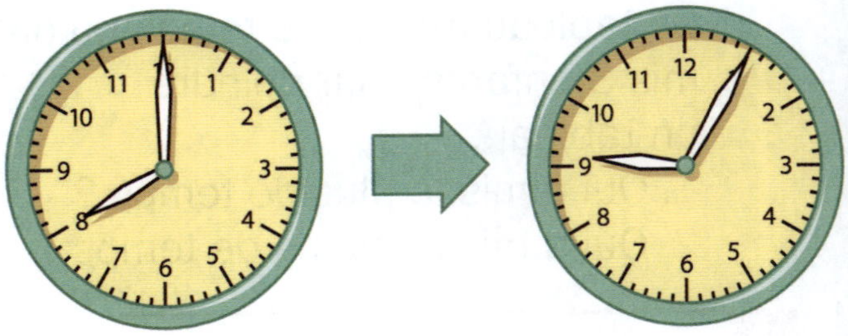

Le vol a duré ___ h et ___ min.

12 Résolvez le problème suivant :

Mme Fustier va au marché à 7 h 15 min.
Elle est de retour à la maison 1 h 45 min plus tard.
À quelle heure rentre-t-elle à la maison ?

Mme Fustier est de retour à la maison à ___ h et ___ min.

13 Résolvez le problème suivant :

Samedi matin, Sarah met 1 h et 10 min pour faire ses devoirs.
Elle termine ses devoirs à 9 h 40 min.
A quelle heure a-t-elle commencé ?

Elle a commencé à ___ h et ___ min.

14 Trouvez les nombres manquants.

a 14 h vient ___ h après 12 h ou midi.

b 15 h 30 min vient ___ h ___ min après 12 h ou midi.

c 10 h 45 min vient ___ h ___ min avant 12 h ou midi.

15 Résolvez le problème suivant :

Un magasin d'alimentation est ouvert de 10 h 15 min à 21 h 30 min tous les jours.
Quelle est la durée d'ouverture du magasin chaque jour ?

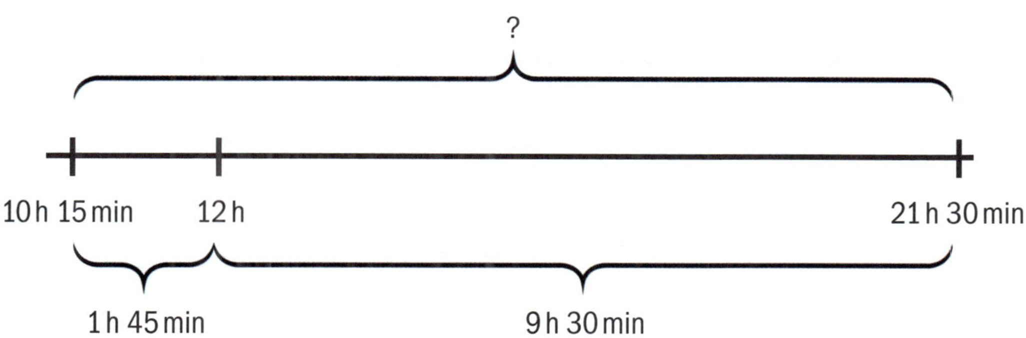

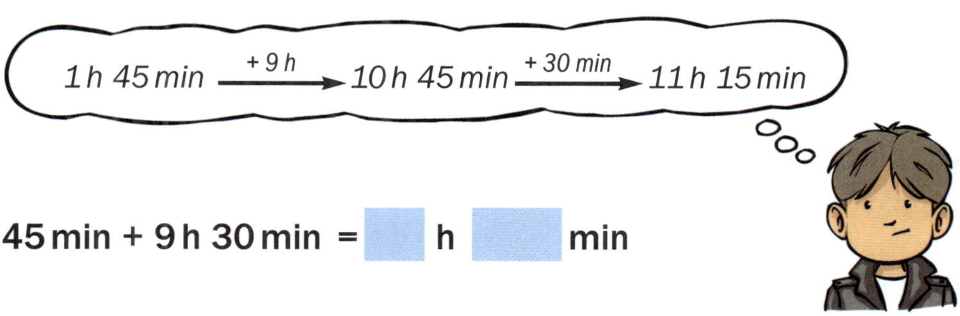

1 h 45 min + 9 h 30 min = ___ h ___ min

Le magasin d'alimentation est ouvert ___ h et ___ min par jour.

16 Trouvez les nombres manquants.

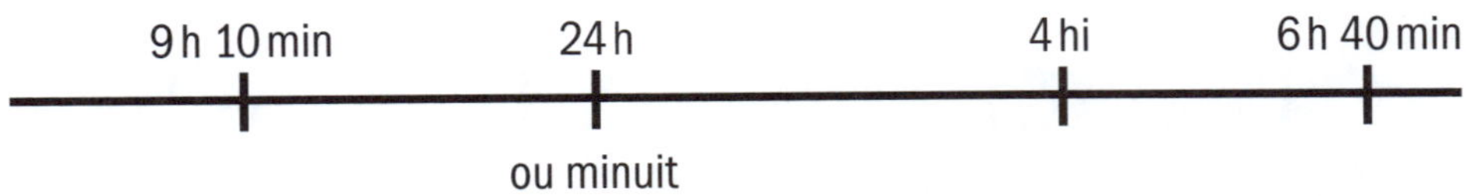

a 4 h vient ____ h après 24 h, c'est-à-dire minuit.

b 6 h 40 min vient ____ h ____ min après 24 h, c'est-à-dire minuit.

c 21 h 10 min vient ____ h ____ min avant 24 h, c'est-à-dire minuit.

17 Résolvez le problème suivant :

L'école de Jean organise une nuit d'observation des étoiles qui commence à 22 h 30 min. Elle se termine 3 h et 30 min plus tard. A quelle heure s'est terminée la nuit d'observation des étoiles ?

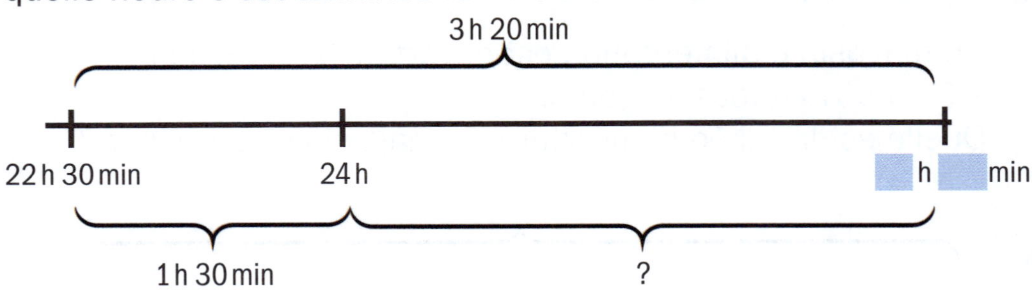

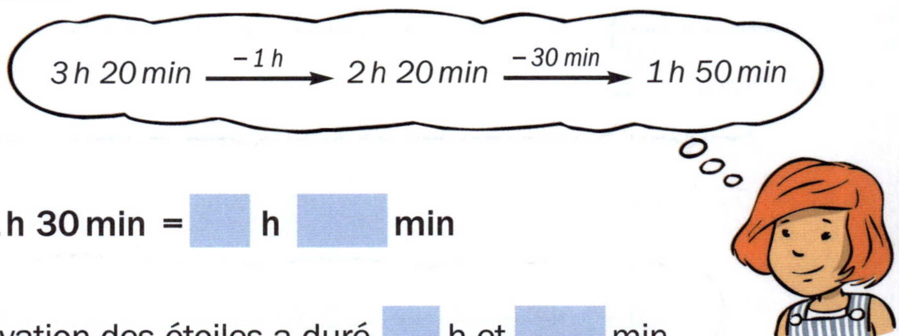

3 h 20 min – 1 h 30 min = ____ h ____ min

La nuit d'observation des étoiles a duré ____ h et ____ min.

18 Additionnez ou soustrayez.

a **2 h 40 min + 3 h**

b **2 h 40 min + 45 min**

c **3 h 15 min – 2 h**

d **3 h 5 min – 30 min**

e **1 h 25 min + 2 h 15 min**

f **2 h 40 min + 2 h 25 min**

g **3 h 50 min – 1 h 35 min**

h **3 h 20 min – 1 h 40 min**

Cahier d'exercices B, Exercice 40.

Exercices 12A

1 Additionnez ou soustrayez.

a **1 h 45 min + 2 h**

b **3 h 40 min – 2 h**

c **2 h 15 min + 45 min**

d **3 h – 1 h 45 min**

e **1 h 30 min + 1 h 50 min**

f **2 h 10 min – 1 h 30 min**

2 Résolvez les problèmes suivants :

a Cette pendule retarde de 5 minutes.
Quelle heure est-il, en réalité ?

b Combien de temps dure le trajet, pour un train qui...

1. part à 4 h 40 min et arrive à 11 h 55 min ?
2. part à 17 h 45 min et arrive à 19 h 00 min ?
3. part à 22 h 05 min et arrive à 0 h ou minuit ?
4. part à 14 h 40 min et arrive à 15 h 25 min ?

c M. Chambard a mis 2 h et 35 min pour réparer une camionnette et 1 h et 55 min pour réparer une voiture.
Combien de temps a-t-il mis pour réparer les deux véhicules ?
Pour réparer la camionnette, combien de temps a-t-il mis de plus que pour la voiture ?

d Charles a mis 2 h et 30 min pour repeindre sa chambre.
Il a commencé à 9 h 20 min.
À quelle heure Charles a-t-il fini de repeindre sa chambre ?

e La classe de Zoé part pour une excursion à 8 h 30 min et rentre à l'école 4 h et 10 min plus tard.
À quelle heure la classe de Zoé rentre-t-elle à l'école ?

f Le supermarché ouvre ses portes aux clients à 9 h 30 min.
Les employés doivent commencer leur travail 40 min avant l'arrivée des premiers clients.
À quelle heure les employés du supermarché arrivent-ils à leur travail ?

2 - Autres unités de temps

1 minute = 60 secondes

1 Répondez aux questions suivantes :

a Faites l'expérience : combien de fois pouvez-vous sauter à la corde en 10 secondes ?

b Combien de temps mettez-vous à écrire le mot EUROPE ?

c En combien de temps courez-vous le 100 m ?

Cahier d'exercices B, Exercice 41.

L'heure (h), la minute (min)
et la seconde (s) sont des unités de temps.
1 h = 60 min
1 min = 60 s

2 Répondez aux questions suivantes :

a Combien font 3 mn et 40 s en secondes ?

3 min 40 s = ____ s

3 min 40 s
3 min | 40 s
3 min = 180 s

b Combien font 150 s en minutes et secondes ?

150 s = ____ min ____ s

150 s
120 s | 30 s
120 s = 2 min

Cahier d'exercices B, Exercice 42.

3 Trouvez les nombres manquants.

a 1 an = ____ mois

b 2 ans = ____ mois

c 2 ans et 4 mois = ____ mois

d 40 mois = ____ ans et ____ mois

L'année, le mois, le semaine et le jour sont aussi des unités de temps.

4 Trouvez les nombres manquants.

a 1 semaine = ____ jours

b 3 semaines = ____ jours

c 3 semaines et 4 jours = ____ jours

d 30 jours = ____ semaines et ____ jours

Cahier d'exercices B, Exercices 43 et 44.

Exercices 12B

1 Trouvez les nombres manquants.

a 2 h 12 min = ____ min

b 108 min = ____ h ____ min

c 2 min 3 s = ____ s

d 94 s = ____ mln ____ s

e 1 an et 9 mois = ____ mois

f 30 mois = ____ ans et ____ mois

g 3 semaines et 4 jours = ____ jours

h 40 jours = ____ semaines et ____ jours

2 Résolvez les problèmes suivants :

a Avec le train, on met 1 h et 35 min pour aller de Paris au Mans, et 3 h et 15 min pour aller de Paris à Nantes.
Comparé au trajet Paris-Le Mans, combien de temps le trajet Paris–Nantes dure-t-il de plus ?

b La librairie est ouverte de 9 h 30 à 17 h tous les jours.
Combien de temps la librairie ouvre-t-elle chaque jour ?

c Mme Martin part faire des courses à 10 h 20.
Elle rentre à la maison 4 h plus tard.
À quelle heure rentre-t-elle à la maison ?

d David termine un puzzle en 1 h et 6 min.
Lili termine le même puzzle en 10 minutes de moins.
En combien de temps Lili termine-t-elle le puzzle ?

e M. Landry part en voiture cueillir des champignons dans la forêt.
Il part de chez lui à 8 h 30 et arrive à 9 h 15.
Combien de temps M. Landry a-t-il mis pour arriver en voiture à la forêt ?

f M. Chambard a mis 8 h et 45 min pour aller en voiture de Lille à Aix-en-Provence. Il arrive à Aix-en-Provence à 14 h 15.
À quelle heure M. Chambard est-il parti de Lille ?

Révision H

1 Répondez aux questions suivantes :

Quelle heure est-il… 1. quand il est 8 h et 55 min après midi ?
2. quand il est 1 h et 30 min après minuit ?

2 Trouvez le numérateur ou le dénominateur manquant.

a

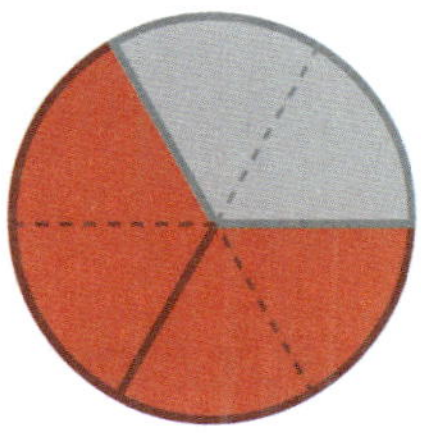

$\frac{2}{3} = \frac{\square}{6}$

b

$\frac{3}{4} = \frac{6}{\square}$

c

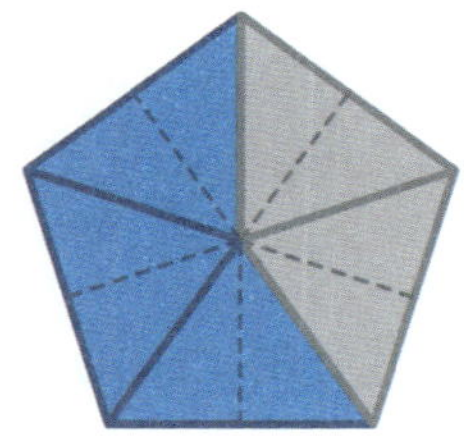

$\frac{4}{5} = \frac{\square}{10}$

3 Ce graphique indique le nombre de véhicules dans un parking.

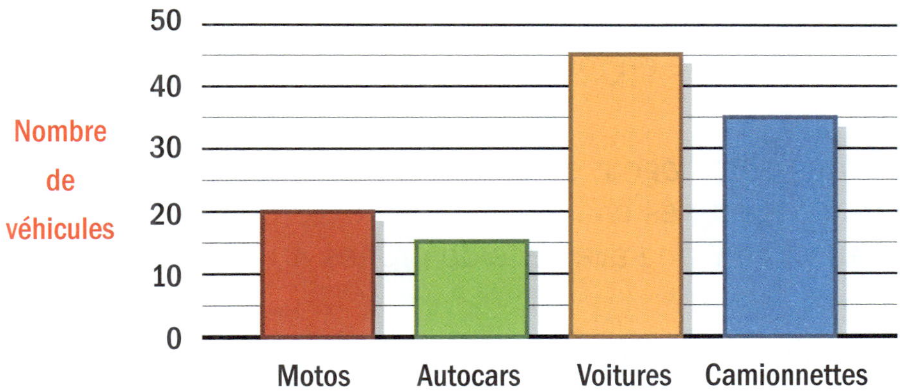

1. Combien de camionnettes y a-t-il de plus que d'autocars ?
2. Si, dans ce parking, 90 places sont réservées aux voitures et aux camionnettes, combien de ces places ne sont pas occupées ?

4 Résolvez les problèmes suivants :

a M. Chambard a passé 19 mois en Belgique.
M. Landry a passé 2 ans et 4 mois en Belgique.
Lequel a passé le plus de temps en Belgique ?
Combien de mois a-t-il passés en plus ?

b Une machine remplit 140 pots de confiture en 10 minutes.
Combien de pots de confiture remplit-elle en une minute ?

c Le cours de dessin de Lucie commence à 17 h 40 min.
Il dure 45 min.
À quelle heure se termine le cours de dessin de Lucie ?

d Une citerne contient 10 fois plus d'eau qu'un seau.
La contenance de la citerne est de 60 litres.
Quelle est la contenance du seau ?

e Pierre coupe un morceau de ruban de 1 m en deux morceaux.
Le premier morceau mesure $\frac{5}{8}$ de m.
Combien mesure l'autre morceau ?

f M. Fournier achète un rasoir et un tube de dentifrice.
Le rasoir coûte 6,50 €. Le tube de dentifrice coûte 1,80 €.
Combien a-t-il payé en tout pour les deux articles ?

g Mme Wang a un cageot de prunes. Après avoir donné à 16 enfants 3 prunes chacun, il lui reste 20 prunes.
Combien Mme Wang avait-elle de prunes au départ ?

h Fatima veut faire un collier : elle dépense 4,40 € pour les perles et 2,50 € pour le cordon.
Combien Fatima a-t-elle dépensé pour faire son collier ?

i M. Chambard achète 8 serviettes de toilette.
À la caisse, il donne un billet de 50 € et reçoit 2 € de monnaie.
1. Combien M. Chambard a-t-il dépensé en tout ?
2. Quel est le prix d'une serviette ?

Chapitre 13

La géométrie

1 - Les angles

En vous servant de deux cartes, formez un **angle** sur le modèle suivant :

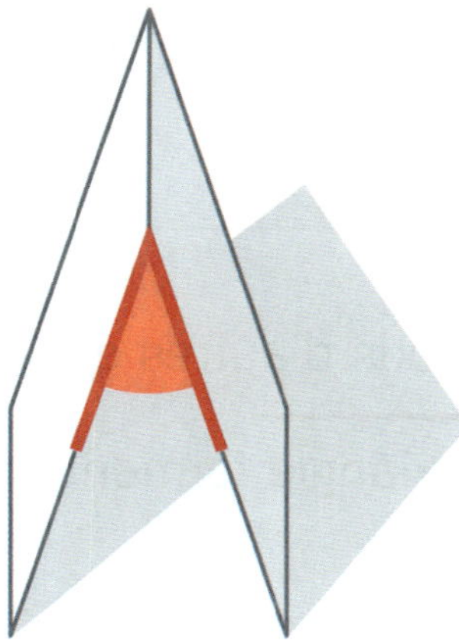

Puis formez un angle plus grand.
Quel est l'angle le plus grand que vous puissiez former ?
Comparez avec vos camarades.

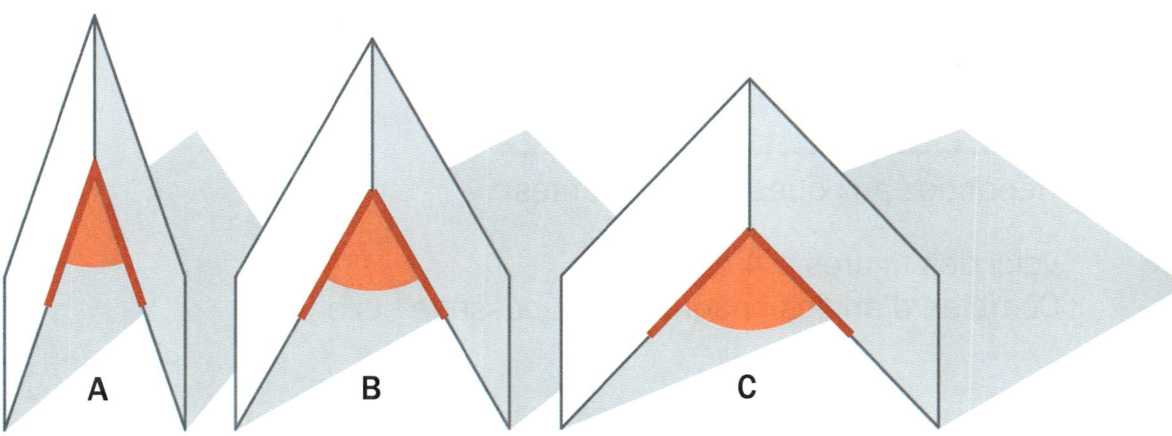

Quel est l'angle le plus petit ?
Quel est l'angle le plus grand ?

1 Voici des exemples d'angles.

Cherchez autour de vous d'autres exemples d'angles.

2 Les deux côtés d'un triangle forment un angle.

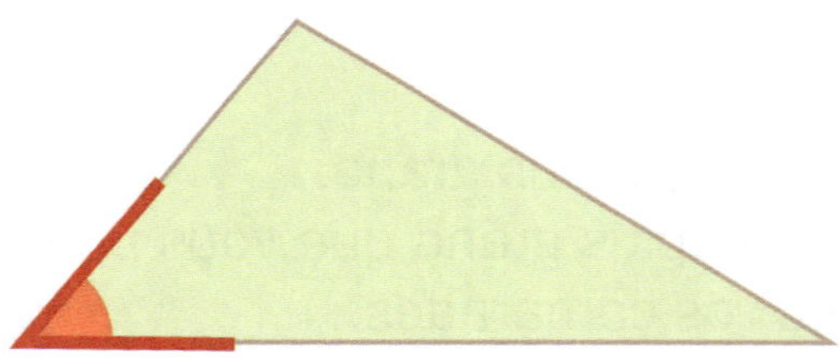

Un triangle a ☐ côtés et ☐ angles.

3 Répondez aux questions suivantes :

Voici des figures à 4 côtés.
Combien d'angles chaque figure possède-t-elle ?

A B C

Cahier d'exercices B, Exercice 45.

2 - Les angles droits

Prenez une feuille de papier et pliez-la deux fois, selon ce modèle :

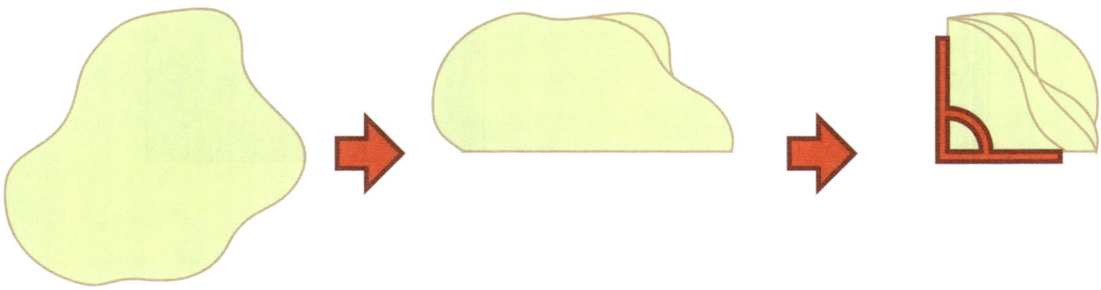

L'angle que vous venez de former est particulier.
Il s'agit d'**un angle droit**.
En vous servant de l'angle droit que vous avez formé, indiquez, parmi ces angles, lesquels sont des angles droits.

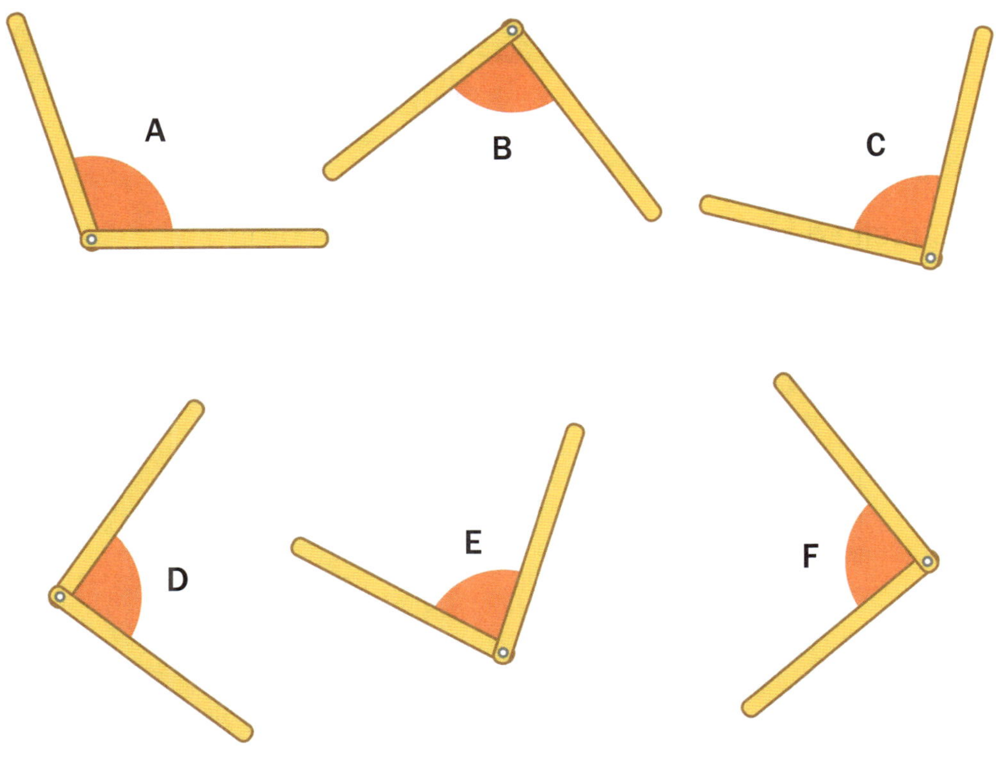

Servez-vous de l'angle droit que vous avez formé, pour trouver d'autres angles droits autour de vous.

1 Répondez aux questions suivantes :

Combien d'angles droits pouvez-vous trouver dans...

1. un carré ?

2. un rectangle ?

2 Répondez aux questions suivantes :

Lequel de ces triangles présente un angle droit ?
Lequel de ces triangles présente un angle plus grand qu'un angle droit ?

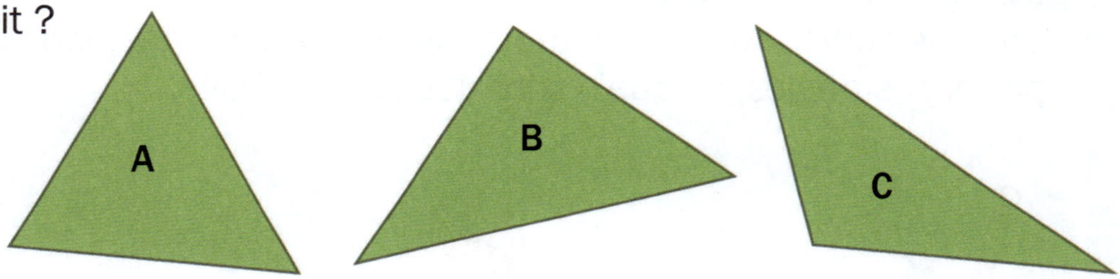

3 Répondez aux questions suivantes :

Laquelle de ces figures présente un angle droit ?
Laquelle de ces figures présente un angle plus grand qu'un angle droit ?

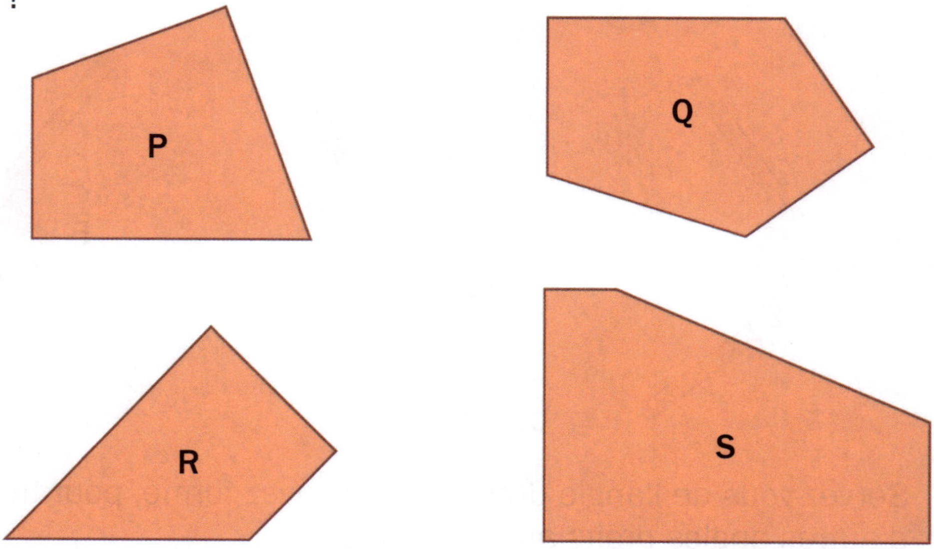

Cahier d'exercices B, Exercice 46.

Chapitre 14

L'aire et le périmètre

1 - L'aire

Dans une feuille de papier, découpez quatre carrés et quatre moitiés de carrés.

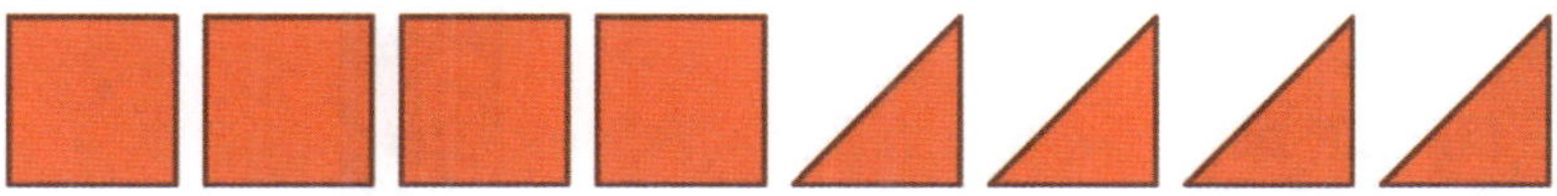

En vous servant de ces carrés, réalisez les figures suivantes :

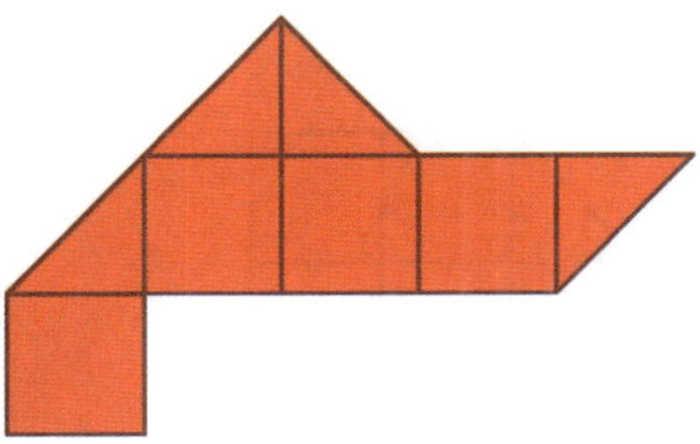

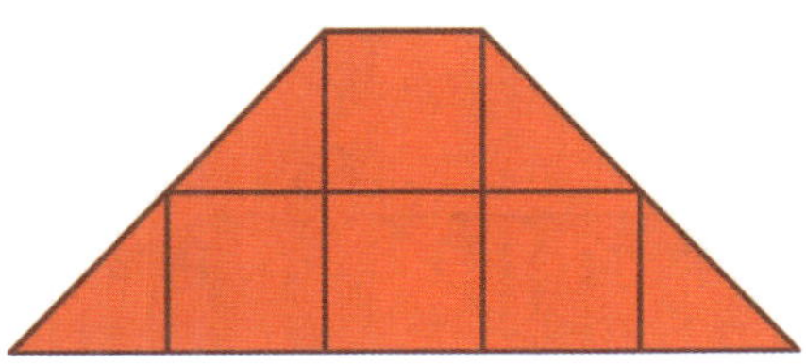

Ces figures ont toutes la même **aire.**
L'aire de chacune de ces figures est de ____ unités carrées.

1 Quelle est l'aire de chacune des figures suivantes ?

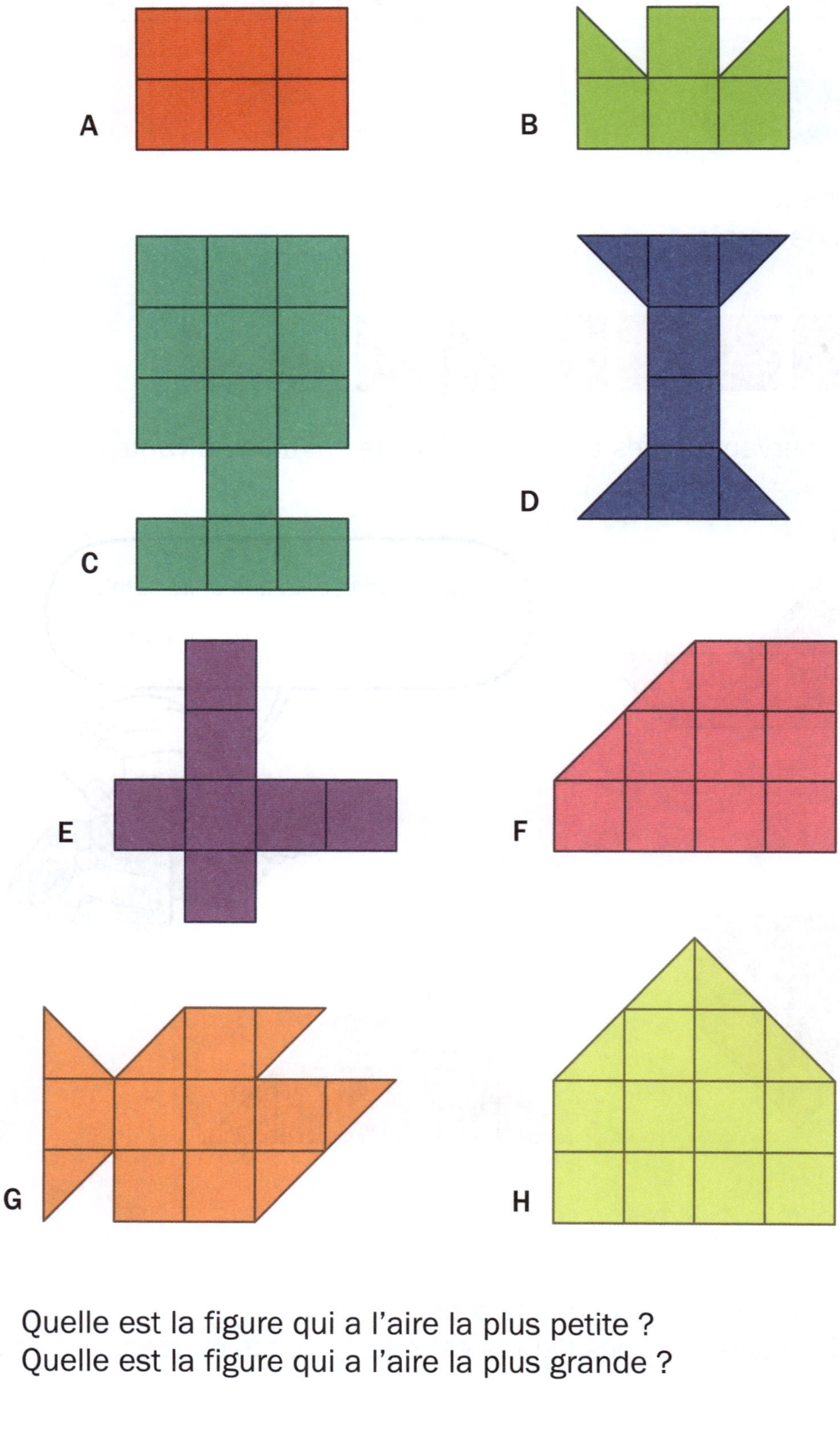

Quelle est la figure qui a l'aire la plus petite ?
Quelle est la figure qui a l'aire la plus grande ?

Cahier d'exercices B, Exercice 47.

2 Voici un carré de 1 cm de côté.

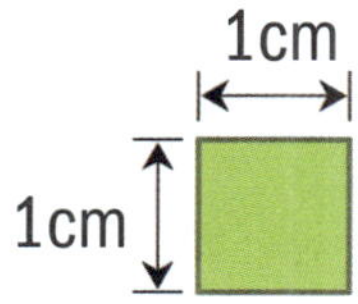

Son aire est de **1 cm²**.

Indiquez les aires de chacune des figures suivantes en centimètres carrés.

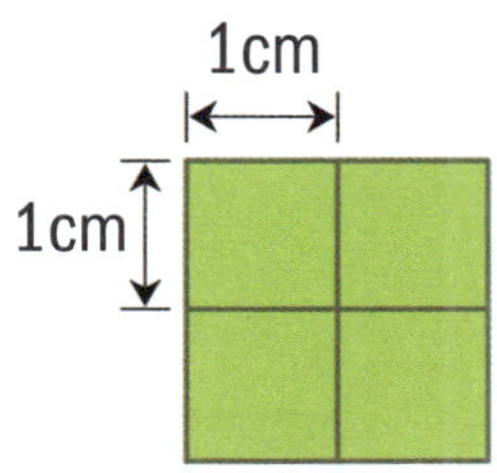

pour un carré de 2 cm de côté

pour un carré de 3 cm de côté

pour un carré de 4 cm de côté

3 Répondez aux questions suivantes :

1. Quelle est l'aire d'un carré de 5 cm de côté ?
2. Quelle est l'aire d'un carré de 10 cm de côté ?

4 Cette figure est faite de carrés de 1 cm de côté. Trouvez son aire.

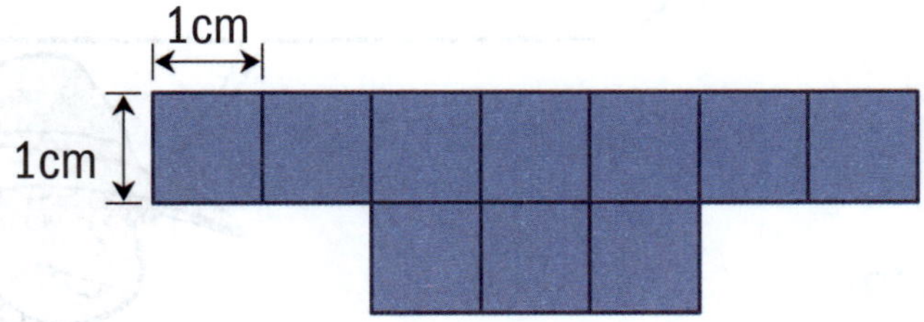

5 Quelle est l'aire de chacune des figures suivantes ?

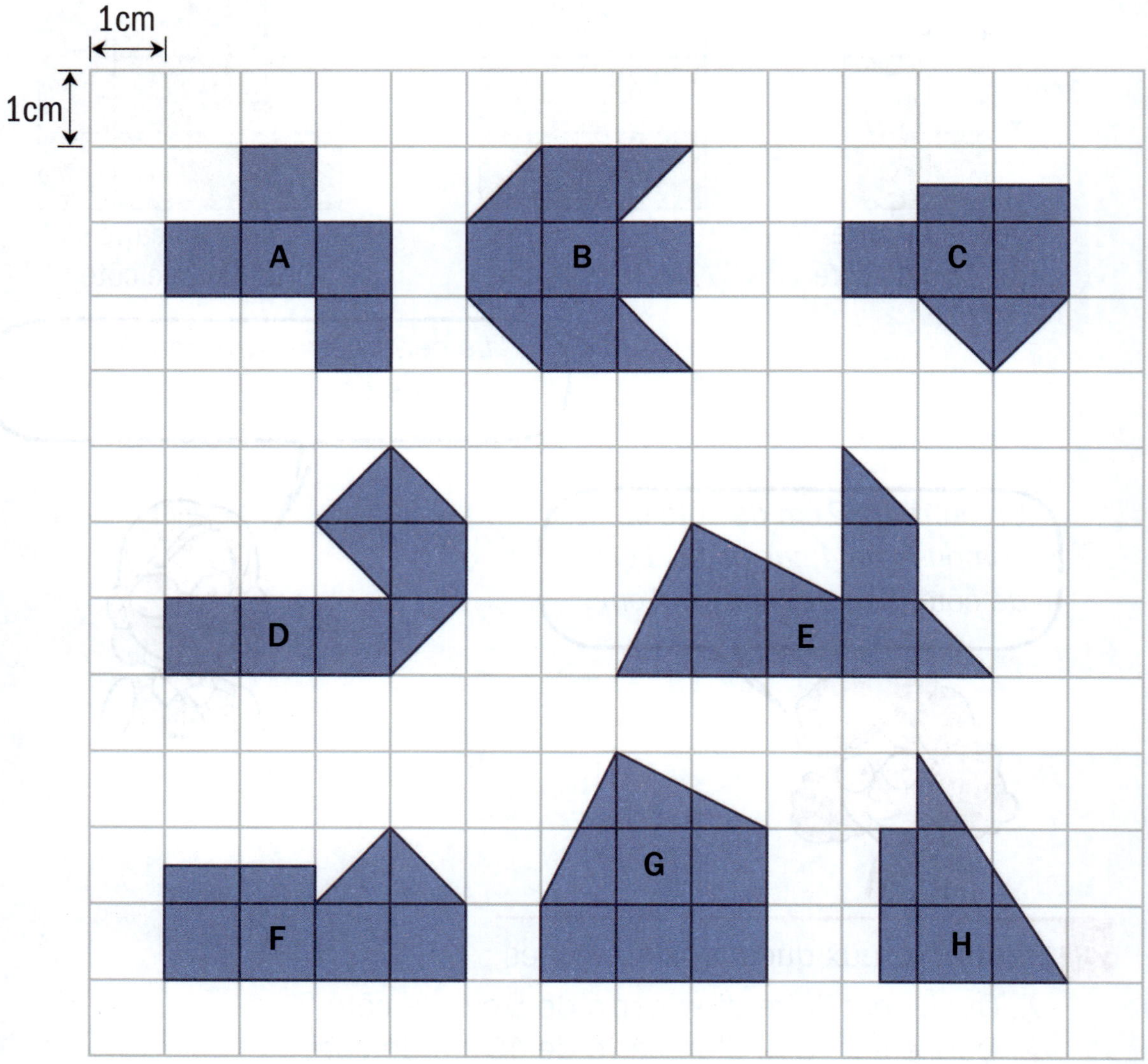

Cahier d'exercices B, Exercice 48.

6 Voici un carré de 1 m de côté.

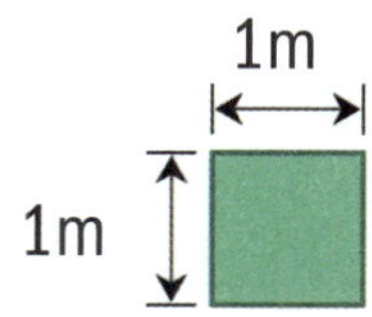

Son aire est de **1 mètre carré (m²)**.

Indiquez l'aire de chacune des figures suivantes en mètres carrés.

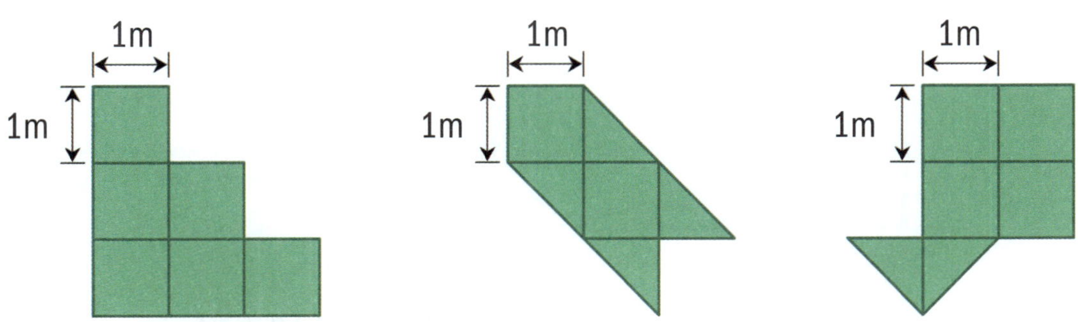

A **B** **C**

Quelle est la figure qui a l'aire la plus grande ?
Quelle est la figure qui a l'aire la plus petite ?

Cahier d'exercices B, Exercice 49.

2 - Le périmètre

Samia a utilisé trois morceaux de fil de fer de même longueur pour former le triangle, le carré et le rectangle.

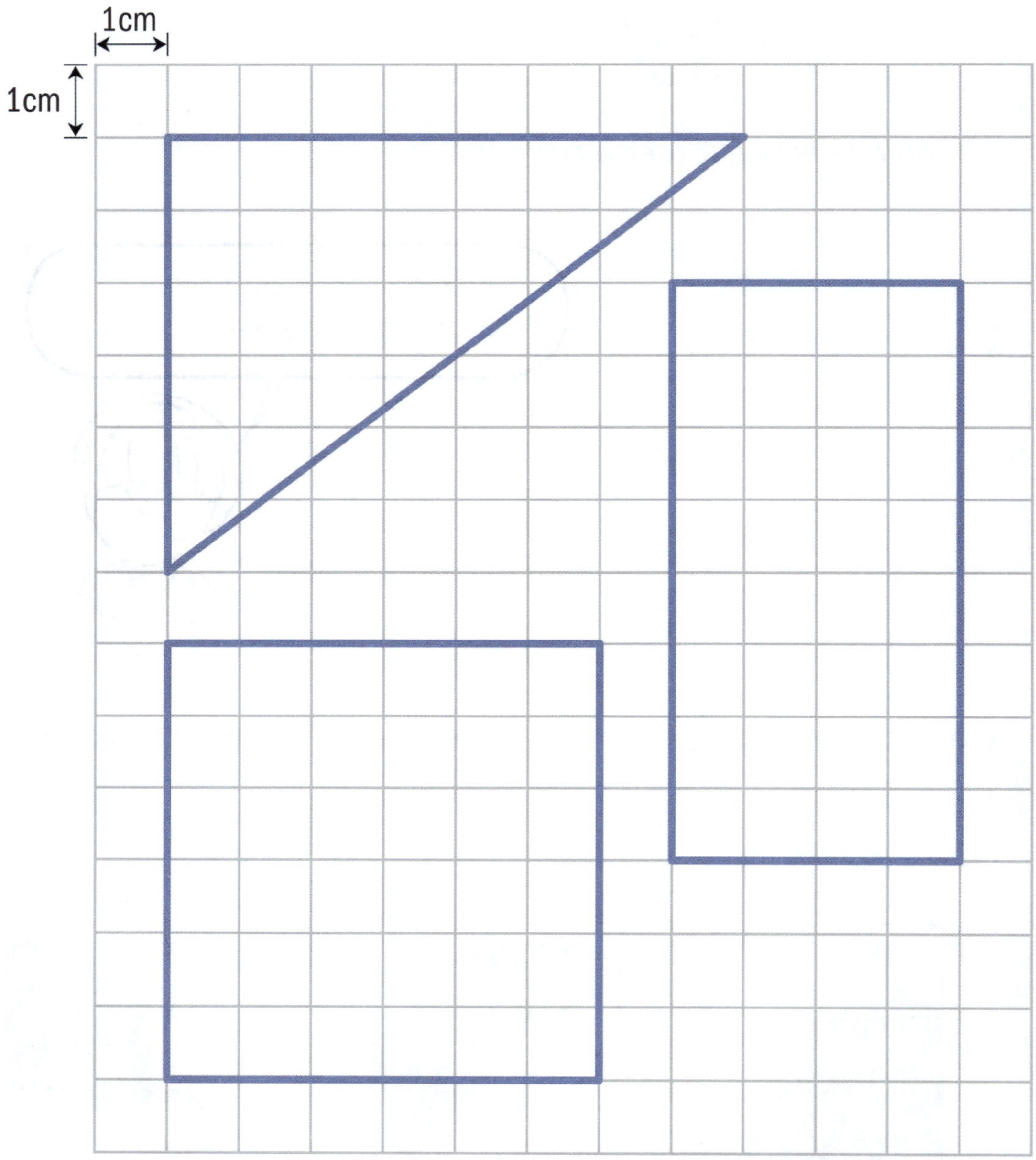

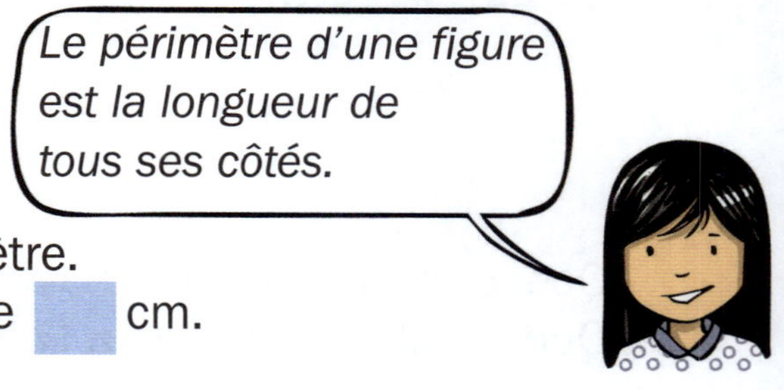

Les trois figures ont le même périmètre.
Le périmètre de chaque figure est de ____ cm.

1 Mesurez puis répondez à la question suivante :

À l'aide d'un morceau de fil, mesurez le périmètre des figures ci-dessous.

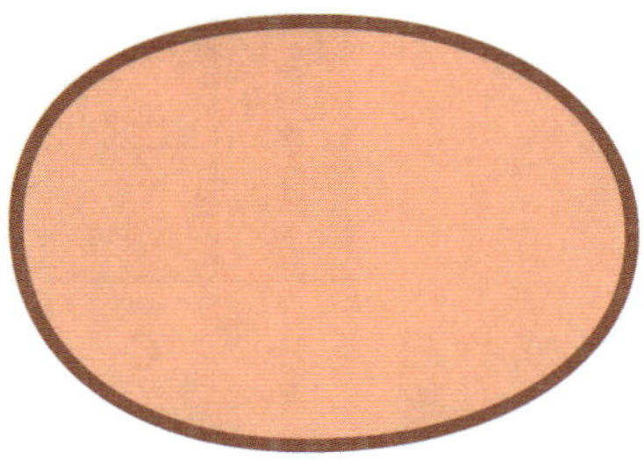

X

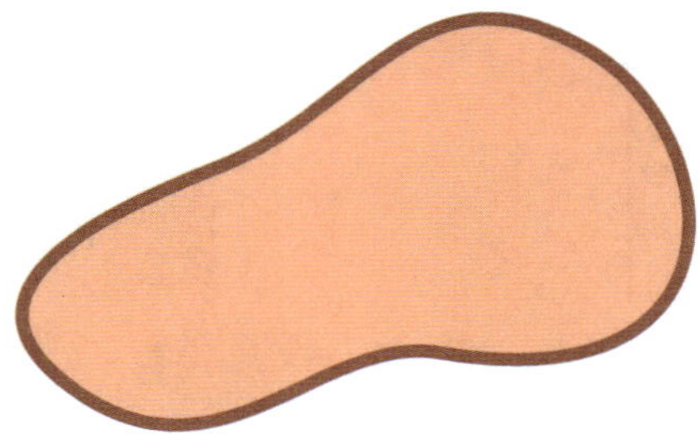

Y

Quelle est la figure qui a le plus grand périmètre ?

2 Mesurez :

1. Le périmètre de votre manuel de mathématiques en centimètres.
2. Le périmètre de votre salle de classe en mètres.

3 Ces deux figures se composent du même nombre de carrés de 1 cm de côté.

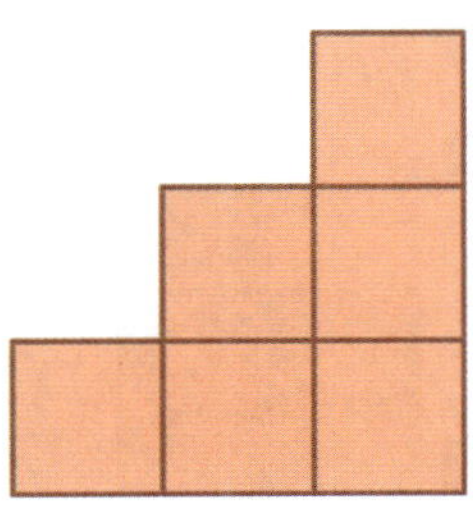

A

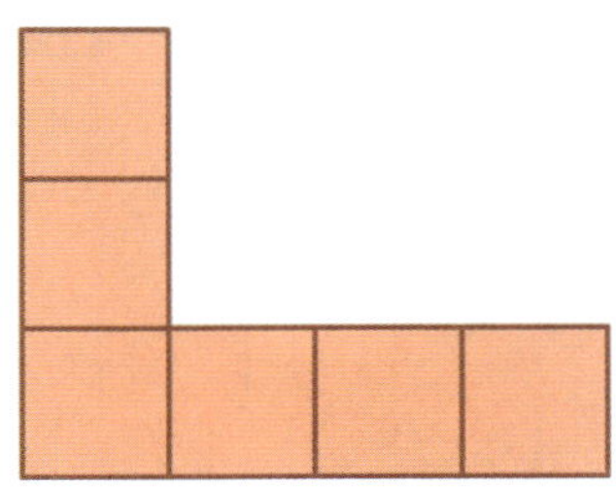

B

a Elles ont la même aire.

L'aire de chaque figure est de ____ cm^2.

b Elles n'ont pas le même périmètre.

Le périmètre de la figure A est de ____ cm.

Le périmètre de la figure B est de ____ cm.

4 Ces figures se composent de carrés de 1 cm de côté.

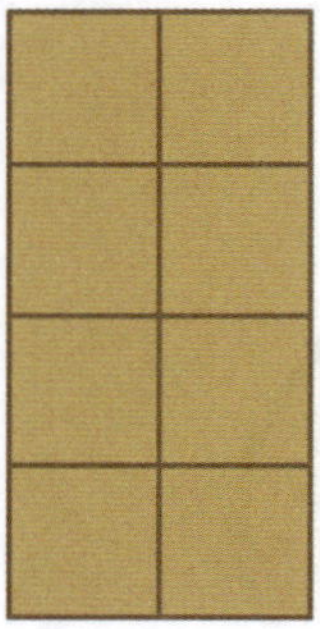

A

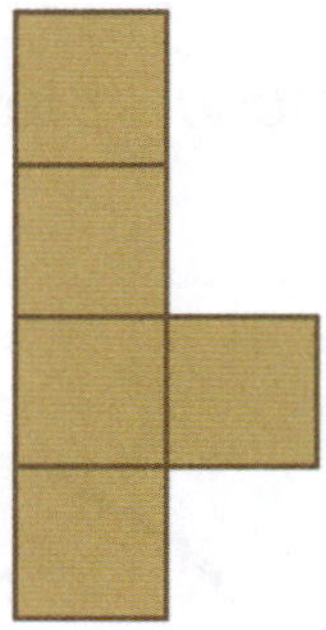

B

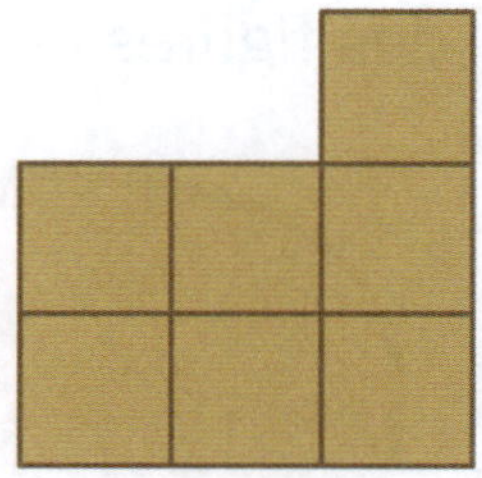

C

1. Ont-elles la même aire ?
2. Ont-elles le même périmètre ?

5 Ces figures se composent de carrés de 1 cm de côté.

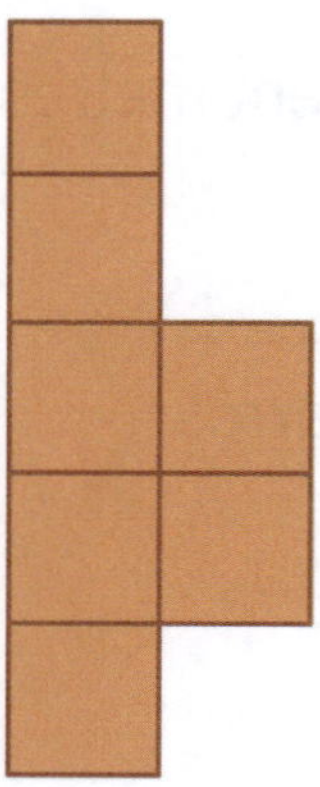

P

Q

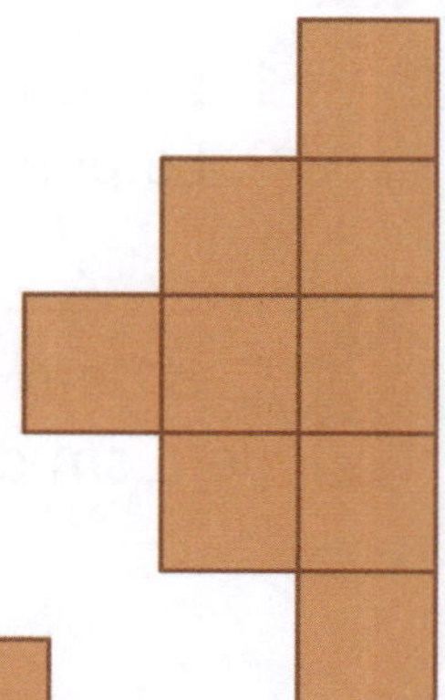

R

S

T

1. Quelles sont les deux figures qui ont le même périmètre, mais pas la même aire ?
2. Quelles sont les deux figures qui ont la même aire, mais pas le même périmètre ?
3. Quelles sont les deux figures qui ont le même périmètre et la même aire ?

6 Calculez le périmètre des figures ci-dessous :

a Chaque côté du carré mesure 6 cm de long.
Quel est son périmètre ?

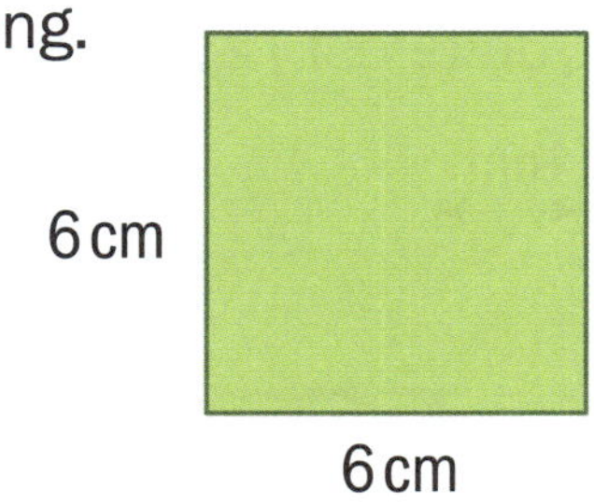

Périmètre = 6 + 6 + 6 + 6

= ▢ cm

b Ce rectangle a une longueur de 12 cm.
Il a une largeur de 4 cm.
Quel est son périmètre ?

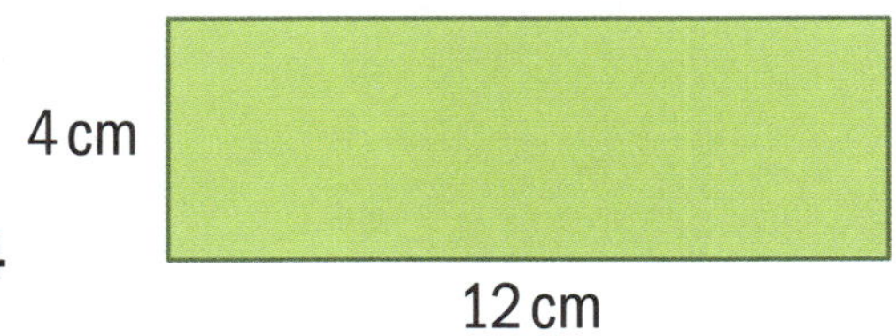

Périmètre = 12 + 4 + 12 + 4

= ▢ cm

7 Trouvez le périmètre des figures ci-dessous :

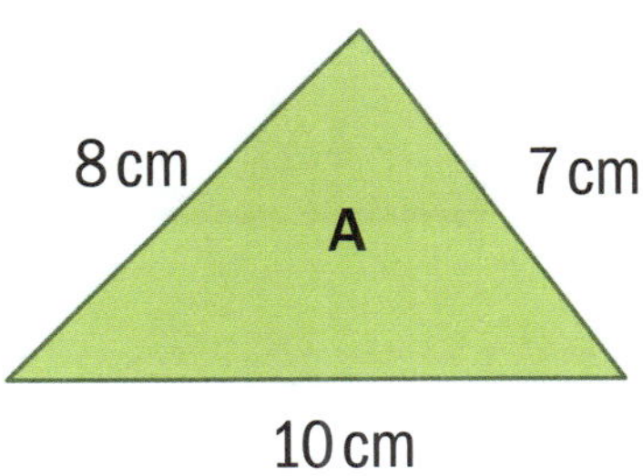

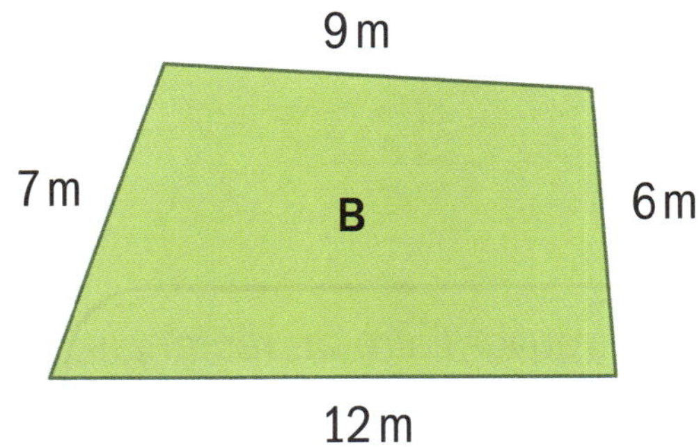

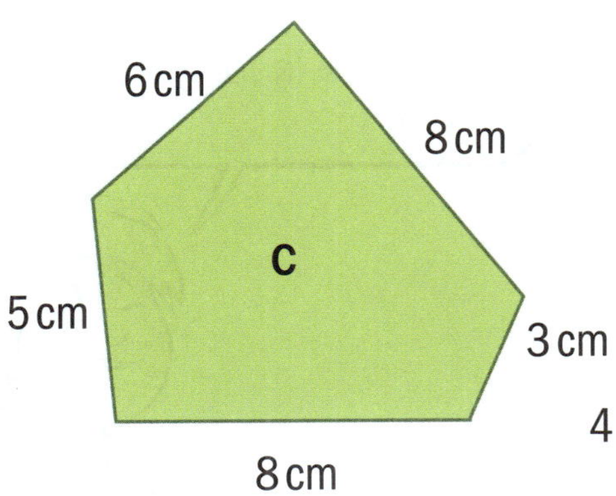

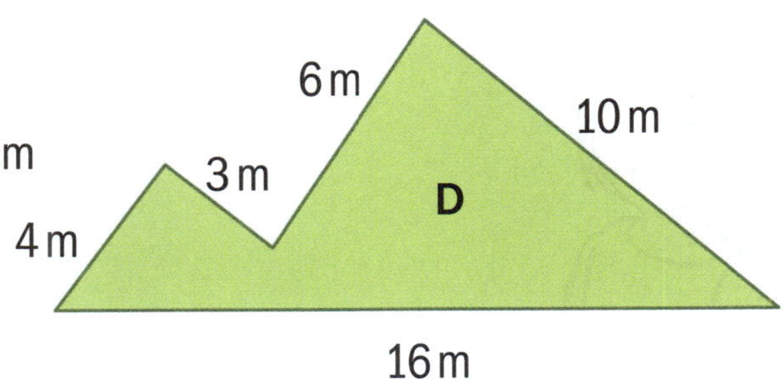

Cahier d'exercices B, Exercice 50.

3 - L'aire d'un rectangle

Quelle est l'aire des rectangles ci-dessous ?

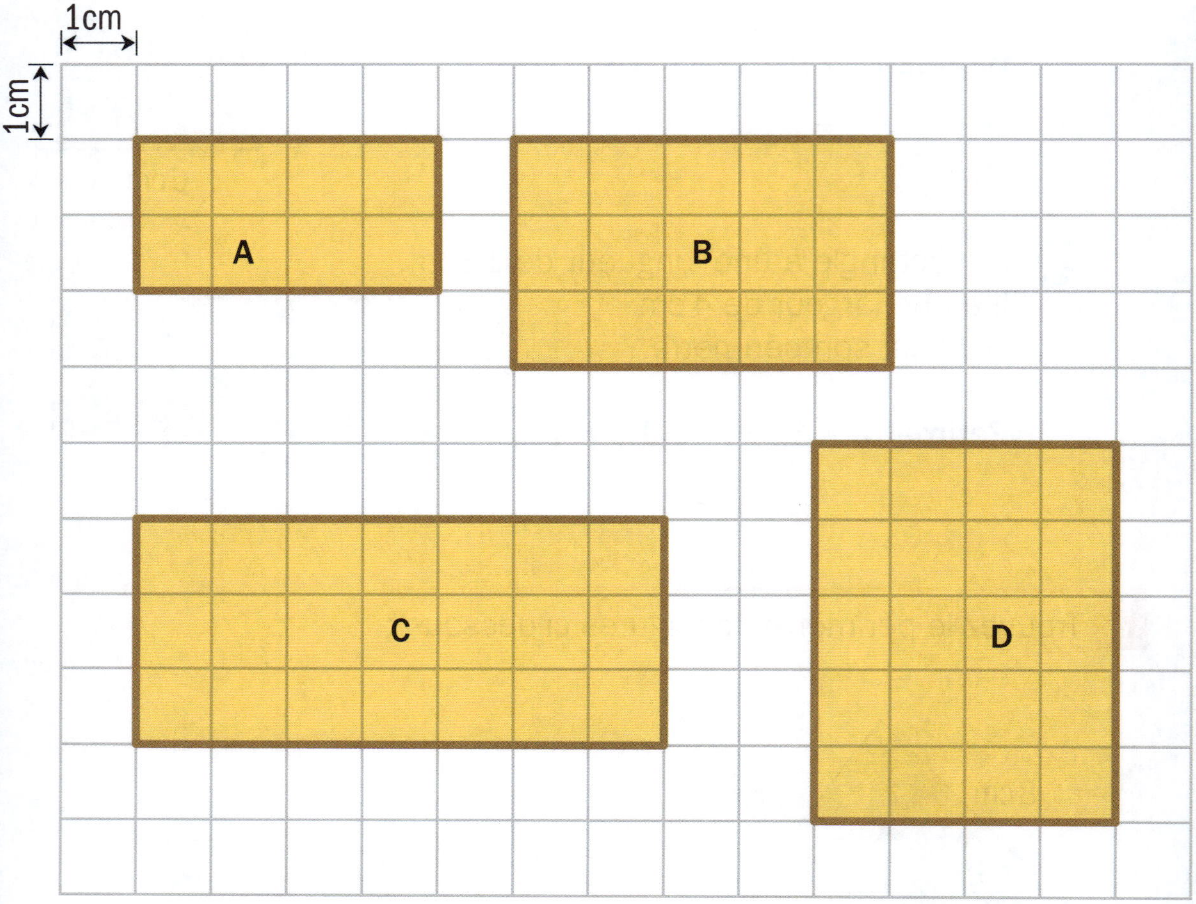

Aire du rectangle = longueur x largeur

1 Quelle est l'aire de ce rectangle ?

Aire du rectangle **= 5 x 4**

= ☐ **unités carrés**

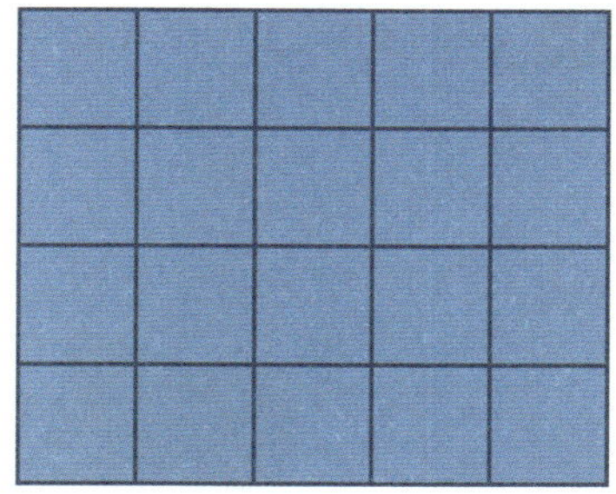

2 Quelle est l'aire des rectangles ci-dessous ?

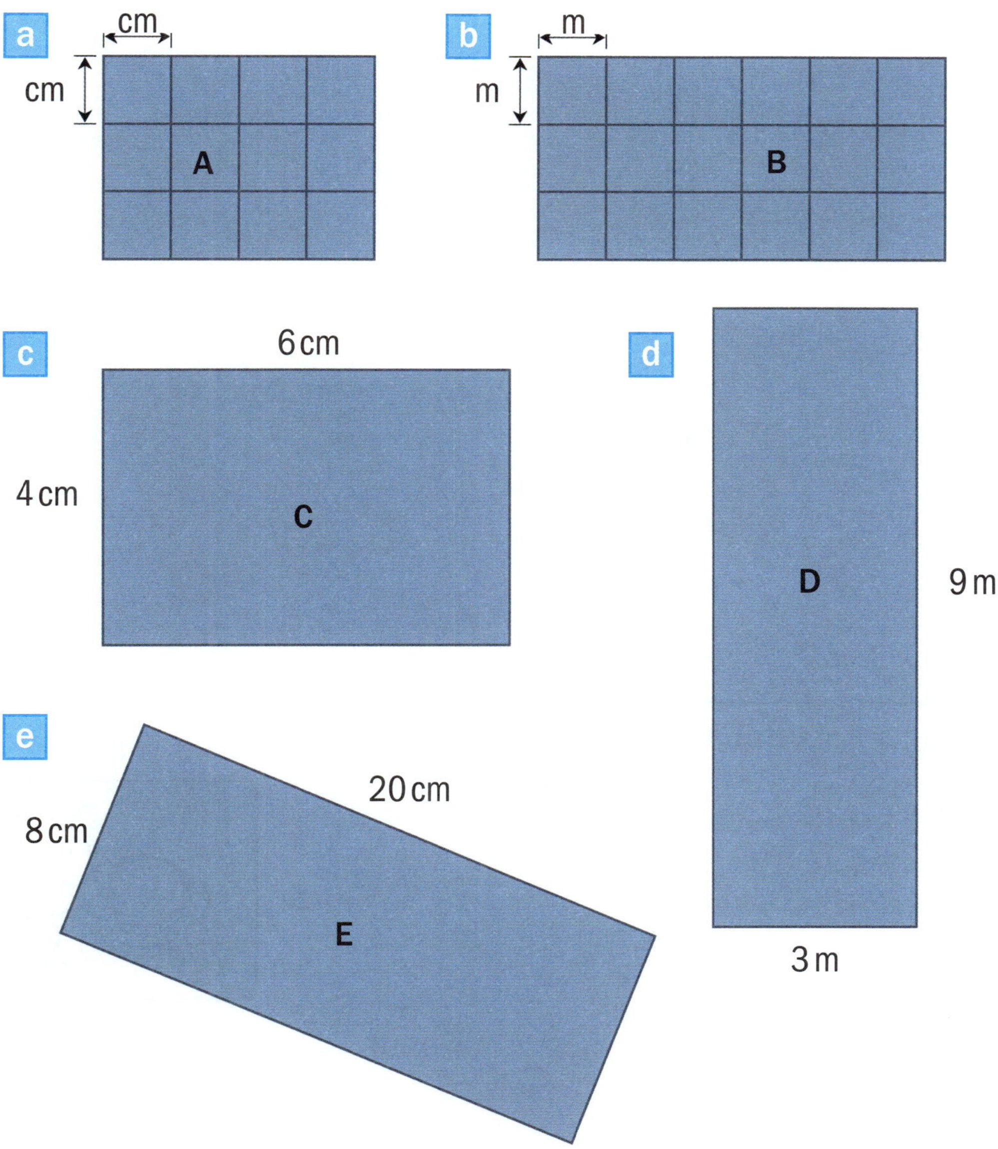

Exercices 14A

1 Calculez l'aire et le périmètre des carrés et des rectangles ci-dessous.

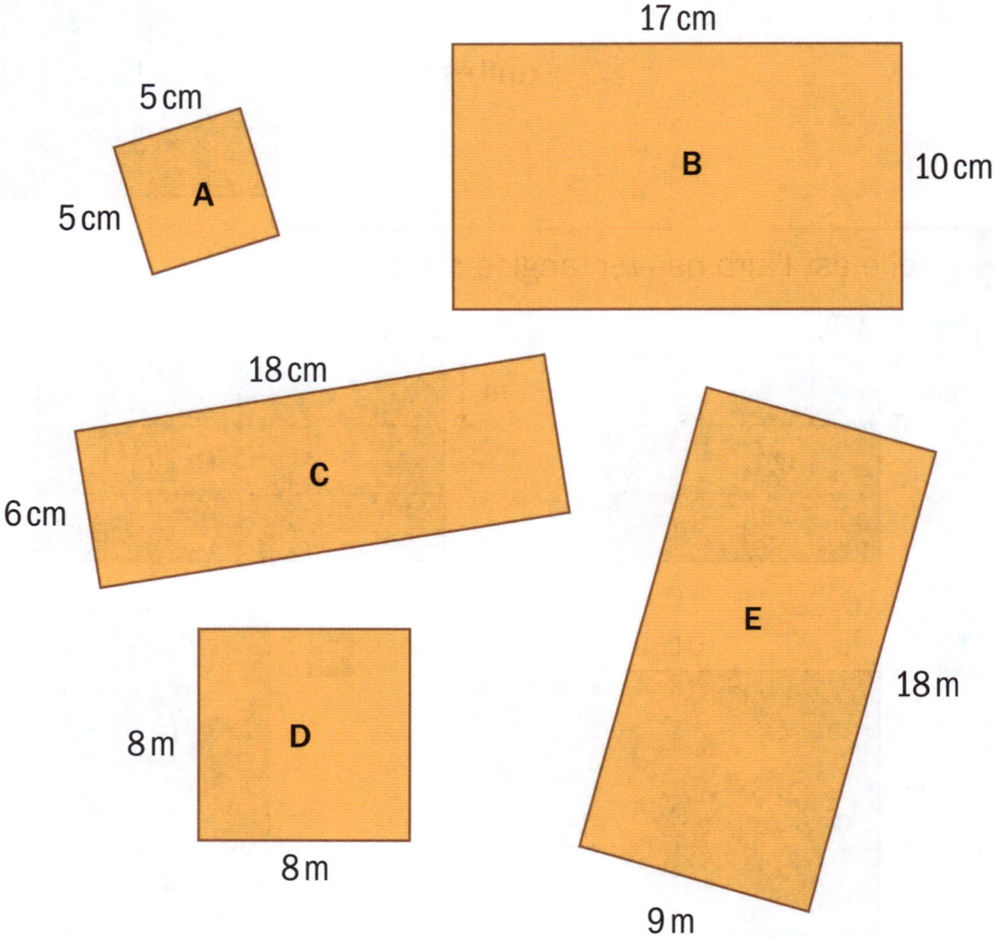

2 Résolvez les problèmes suivants :

a Cette photo mesure 15 cm de long.
Elle mesure 10 cm de large.
Quelle est son aire ?

b Un champ rectangulaire mesure 85 m de long et 10 m de large.
Ali fait le tour du champ en courant.
Quelle distance a-t-il parcourue ?

Révision I

1 Rangez dans l'ordre ces fractions, de la plus petite à la plus grande.

a $\frac{3}{4}, \frac{1}{2}, \frac{5}{8}$

b $\frac{1}{2}, \frac{3}{5}, \frac{3}{10}$

2 Répondez à la question suivante :

Un triangle a trois côtés de 9 cm chacun.
Quel est le périmètre de ce triangle ?

3 Ce graphique indique la taille des élèves dans la classe de Félicie.

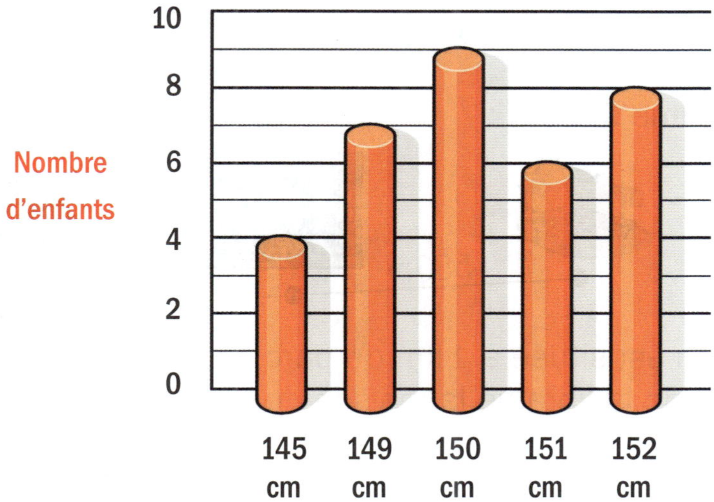

En vous aidant du graphique, répondez aux questions suivantes :
1. Combien d'enfants mesurent 150 cm ?
2. Combien d'enfants mesurent plus de 150 cm ?
3. Combien d'enfants mesurent moins de 150 cm ?

4 Résolvez les problèmes suivants :

a Tom achète du fil de fer et le coupe en 8 morceaux.
Chaque morceau mesure 30 cm.
Quelle longueur de fil de fer a-t-il achetée ?
Donnez la réponse en mètres et en centimètres.

b 2 500 personnes participent à une kermesse. 240 sont des enfants.
1 360 sont des femmes. Le reste des participants sont des hommes.
1. Combien d'hommes participent à la kermesse ?
2. Combien y a-t-il d'adultes de plus que d'enfants ?

5 Résolvez les problèmes suivants :

a Mme Miam confectionne 286 petites meringues.
Elle en garde 30 pour sa famille, et vend le reste à 1 €
les 8 meringues.
Combien d'argent Mme Miam a-t-elle gagné ?

b Un carré mesure 6 cm de côté.
Quelle est son aire ?

c Anna, Pierre et Jean se partagent un clafoutis.

Anna et Pierre prennent chacun $\frac{1}{5}$ du clafoutis.

Quelle part du clafoutis reste pour Jean ?

6 Résolvez le problème suivant :

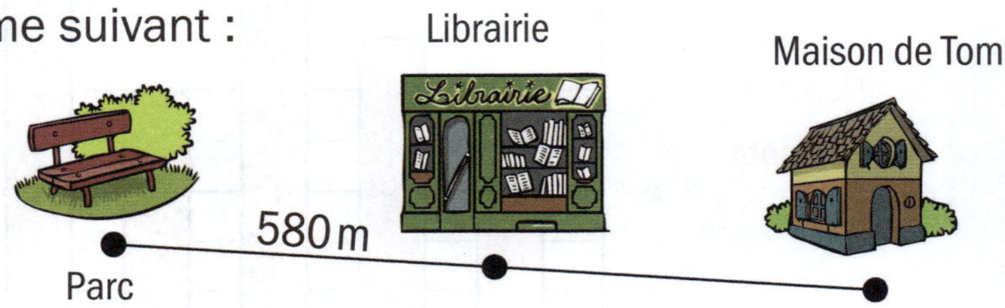

La maison de Tom est située à 1 km du parc.
À quelle distance de la librairie la maison de Tom est-elle située ?

7 Résolvez les problèmes suivants :

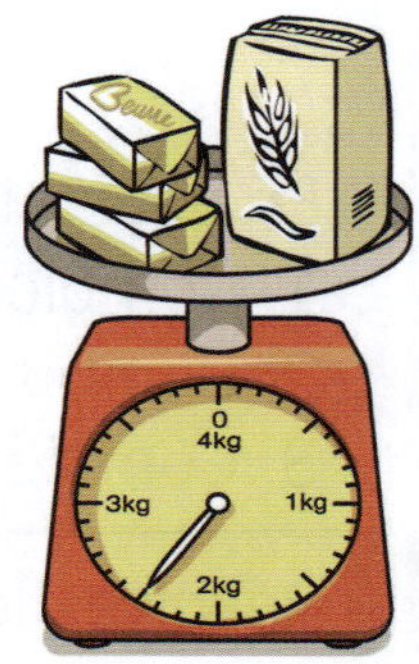

1. Quel est le poids total des 3 plaquettes de beurre et du paquet de farine ?
2. Si chaque plaquette de beurre pèse 300 g, combien pèse le paquet de farine ?

8 Résolvez les problèmes suivants :

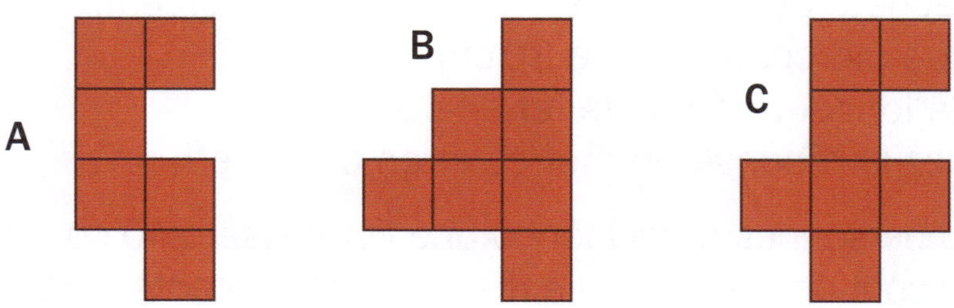

1. Deux de ces figures ont la même aire. Lesquelles ?
2. Deux de ces figures ont le même périmètre. Lesquelles ?